环境工程微生物学实验

主　编　边才苗
副主编　汪美贞　付永前　蒋胜韬
　　　　王锦文　潘小翠

ZHEJIANG UNIVERSITY PRESS
浙江大学出版社

内容简介

"环境工程微生物学实验"是环境工程微生物学的组成部分,通过实验可以使学生深入理解课堂讲授的内容,掌握微生物的基本特征,培养学生分析和解决实际问题的能力,提高学生的动手能力。本书包括微生物学基础实验和环境工程微生物学实验两大部分,以及附录。其中,微生物学基础实验包括显微镜技术、微生物的制片与染色技术、细菌的分离与纯化技术、微生物的生长与培养、微生物鉴定中常用的生理生化反应、微生物遗传学系列实验以及菌种保藏,共七章;环境工程微生物学实验包括水的细菌学检查和环境污染及其治理,共两章;附录部分包括微生物实验室常用的仪器与设备,溶液、试剂和培养基的配制方法,以及环境微生物学中一些常规指标的测定方法等。

本书力图让学生掌握常用微生物学实验的基本操作,每个实验均有操作注意事项;并通过综合性、设计性实验的训练,以及课后思考题和部分拓展知识等,提高学生的实际操作能力以及综合设计和分析能力。同时,教材中附有大量的实验操作示范图例和说明,以便于学生理解和掌握,增加了教材的可读性和实用性。另外,为突出环境工程的专业特点,教材收集了有关环境污染及其治理的系列实验。

本书可作为环境科学、环境检测和环境工程学科的本科生、研究生的微生物学实验教材,也可供环境专业与生物专业的科研人员和工程技术人员参考。

图书在版编目(CIP)数据

环境工程微生物学实验 / 边才苗主编. —杭州:
浙江大学出版社,2019.8
ISBN 978-7-308-19359-7

Ⅰ. ①环… Ⅱ. ①边… Ⅲ. ①环境生物学—微生物学—实验 Ⅳ. ①X172-33

中国版本图书馆 CIP 数据核字(2019)第 147807 号

环境工程微生物学实验

主　编　边才苗

责任编辑	王　波
责任校对	秦　瑕
封面设计	续设计
出版发行	浙江大学出版社
	(杭州市天目山路 148 号　邮政编码 310007)
	(网址:http://www.zjupress.com)
排　版	杭州好友排版工作室
印　刷	临安市曙光印务有限公司
开　本	787mm×1092mm　1/16
印　张	13.5
字　数	286 千
版 印 次	2019 年 8 月第 1 版　2019 年 8 月第 1 次印刷
书　号	ISBN 978-7-308-19359-7
定　价	39.00 元

前　　言

　　环境工程微生物学作为一门边缘学科,是运用环境工程的手段与方法来加速和强化自然界中污染物的循环、转化及降解,以充分发挥微生物降解、转化污染物的巨大潜力,实现环境工程的高效、稳定和资源的再生利用,消除人类活动对环境所造成的污染的一门学科。它在改善人类的生存环境和消除环境污染中起到重要的作用。该课程要求学生将理论与工程实践紧密结合,是一门实践性很强的课程。因此,大量的课程实验成为巩固和加深学生对基本知识和基本技能的掌握与理解的必然要求。

　　环境工程微生物学实验是环境工程、环境科学以及环境监测等专业本科生的专业基础实验课。掌握必要的环境工程微生物学实验技能,对认识和理解环境工程微生物学的基本理论和基础知识、从事环境工程的相关研究工作都具有重要的意义。

　　鉴于目前有关环境工程微生物学课程的专用实验教材较少,而微生物技术在环境工程领域的地位又日益突出,编者总结了环境工程微生物学本科实验教学现状,并结合其他高校的教学经验,编著了本实验教材。本教材主要包括微生物学基础实验和环境工程微生物学实验两大部分,共 43 个实验。

　　由于编者理论与实践水平有限,本教材中不妥之处在所难免,热忱希望读者批评指正。

目　　录

第1章　显微镜技术

微生物是个体微小的低等生物的总称,多数类型是肉眼不可见的,通常需要借助显微镜才能观察到它们的个体形态和细胞结构。随着科学技术的发展,显微镜可利用的光源已经从可见光扩展到紫外光,并出现了利用电子束作为光源的电子显微镜,显著提高了显微镜的分辨率和有效放大倍数;借助各种类型的显微镜,不仅能观察到细菌、放线菌和真菌等微生物的细胞结构,还能清楚地观察到病毒的形态与构造。目前,在微生物学的研究中最常用的仍是普通光学显微镜,尤其是油镜。

显微测微尺是在普通显微镜下测量细胞大小的重要工具,包括目镜测微尺和镜台测微尺两个部件;血球计数板是一块特殊的载玻片,可在普通显微镜下直接测定细胞悬液中的细胞数量。因此,上述两种工具对微生物生长(包括细胞大小和数量的变化)的测定是不可缺少的。

本章安排 4 个实验,以期使学生熟悉普通显微镜的基本构造及其操作规范,重点是掌握油镜的使用;熟悉显微测微尺和血球计数板的构造,并掌握这两种测量工具的使用规范;掌握电子显微镜样品的制作技术。

实验 1　光学显微镜的操作及细菌的个体形态观察

一、目的要求

1. 学习并掌握光学显微镜的基本原理和使用方法。
2. 初步认识球菌和杆菌的形态特征。

二、实验原理

目前,实验室所用的显微镜是利用目镜和物镜两组透镜系统来放大成像的,通常称其为复式显微镜,它由机械装置和光学系统两部分组成(图 1-1)。

机械装置包括镜座与镜臂、镜筒、物镜转换器、载物台和调焦螺旋。物镜转换器上通常

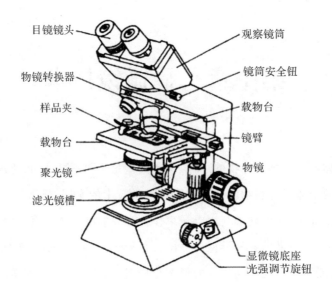

目镜镜头

观察镜筒

物镜转换器

镜筒安全钮

样品夹

载物台

载物台

镜臂

聚光镜

物镜

滤光镜槽

显微镜底座
光强调节旋钮

图 1-1　复式显微镜构造示意图

装有 3～4 个物镜,转换时须用手按住圆盘旋转,勿用手指直接推动物镜,以防物镜与转换器间的螺旋松脱。调焦螺旋有粗调节螺旋和细调节螺旋两个,调焦时要双手同步旋转,且旋转幅度不能太大。

光学系统包括目镜、物镜、聚光镜和反光镜,其中物镜最为重要,其上标有放大倍数、数值孔径(numerical aperture)、工作距离(物镜下端至盖玻片的距离)及要求的盖玻片厚度等主要参数(图 1-2)。普通显微镜的物镜有低倍镜(10×或 16×)、高倍镜[(40～65)×]和油镜[(90～100)×];其中油镜是放大倍数最大的镜头,也是微生物学实验最常用的镜头,且镜头上常刻有黑圈或红圈为标记。

由于油镜的焦距很短,镜头直径很小,进入镜头中的光线也较少,因而所需的光照强度最大(图 1-2)。在使用油镜时,油镜与载玻片之间不是隔一层空气,而是隔一层镜油,构成油浸系;通常,镜油选用香柏油,其折射率 $n=1.52$,与玻璃基本相同。光线在通过载玻片后,可直接通过香柏油进入物镜而不发生折射(图 1-3B)。如果载玻片与物镜之间的介质是空气,则为干燥系;光线在通过载玻片后,由于光的折射使部分光线发生散射现象(图 1-3A),导致进入物镜的光线显著减少,视野的亮度减弱。因此,利用油浸系可增加视野的亮度。

利用油浸系还能增加数值孔径,提高显微镜的分辨率(resolution)或分辨力(resolving power)。数值孔径是光线投射到物镜上的最大角度(镜口角)的一半的正弦,乘以载玻片与物镜间介质折射率所得的积,可用公式表示:

$$NA = n \times \sin\theta \tag{1}$$

式中:NA——数值孔径。

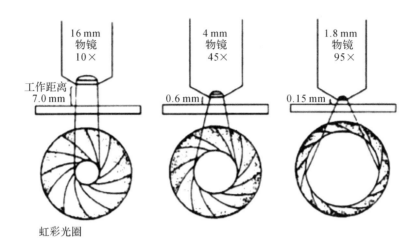

图 1-2　物镜的焦距、工作距离与虹彩光圈的关系

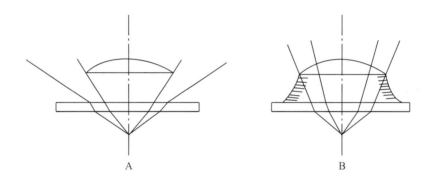

图 1-3　油镜在干燥系（A）与油浸系（B）的光线通路

n 为介质折射率，香柏油的折射率为 1.515，与玻璃的折射率（1.52）接近；比空气和水的折射率（1.0 和 1.33）要高。因此，添加了香柏油后可使油镜的数值孔径达到 1.2～1.4，高于使用低倍镜和高倍镜时的 1.0。

θ 为最大入射角（或镜口角）的半数，它取决于物镜的直径和工作距离；实验室常用的复式显微镜，其油镜的镜口角只能达到 120°。

显微镜的优劣主要取决于分辨率。所谓分辨率，是指借助显微镜能够辨别两个质点间最小距离（D）的能力；D 值愈小，分辨率愈高。D 值的大小取决于物镜的数值孔径和入射光的波长（λ），可用下式表示：

$$D = \frac{0.61\lambda}{NA} \tag{2}$$

由（1）和（2）式可知，n 和 θ 越大，NA 也越大，显微镜的分辨率就越高；用短波光也可提高分辨率。可见光的波长为 $0.4\sim0.7\ \mu m$，按可见光的平均波长 $0.55\ \mu m$ 计算，高倍镜的数值孔径约为 0.65,只能分辨出距离不小于 0.4 μm 的物体;而使用油浸系,其数值孔径为 1.25,分辨率可达到 0.2 μm。由于多数细菌的直径为 0.5 μm 左右,故只有在油浸系下才能清晰地观察到各种细菌的形态及其结构。

三、实验器械

1. 菌种

大肠杆菌、巨大芽孢杆菌和金黄色葡萄球菌等细菌玻片标本或琼脂平板培养物。

2. 仪器和其他用品

(1)仪器:普通显微镜(有油镜)。

(2)用具:酒精灯、载玻片、接种环、生理盐水、擦镜纸、香柏油和二甲苯等。

(3)染液:草酸铵结晶紫染液和石炭酸复红染液等。

四、实验操作

(一)低倍镜观察

低倍物镜(10×)视野广、易于发现目标、确定观察位置,通常应先用低倍物镜观察。其操作步骤如下:

1. 取镜与调试

(1)显微镜是精密仪器,使用时应特别小心。从显微镜箱中取出时,要求一手握镜臂,一手托镜座,放置在水平实验台上,镜座距实验台边缘约 3~4 cm。

(2)使用前,先要熟悉显微镜的结构与性能,并检查各个部件是否完好、镜身有无灰尘、镜头是否清洁,再进行必要的调整工作。

2. 调节光源

(1)将低倍物镜转到镜筒下方,旋转粗调节螺旋,使镜头与载物台距离约为 0.5 cm。

(2)上升聚光器,使其与载物台表面相距约 1.0 mm。

(3)左眼看目镜调节反光镜镜面角度,开闭光圈,调节光线强弱,至视野内光线均匀,明亮又不刺眼。

3. 安置与调焦

(1)安置:将标本片置于载物台上(标本面朝上),并将标本部位移到物镜的正下方;再转动粗调螺旋,使载物台上升(或使镜筒下降),至物镜距标本约为 0.5 cm 处。

(2)调焦:左眼看目镜,双手同步按反时针方向缓速旋转粗调节螺旋,使载物台与物镜的间距逐渐增大,至视野内出现较为清晰的物像;再轻微转动细调节螺旋,且可适度回调,直至视野内出现清晰的物像。

4．观察

移动推动器,将所要观察的部位移至视野的中央,观察并记录实验结果。

(二)高倍镜观察

1．调制

(1)转动物镜转换器,将高倍物镜(40×)转至镜筒正下方的工作位置。

(2)调节光圈和聚光镜,使视野内的亮度增加,以明亮不刺眼为宜。

2．调焦与观察

(1)双手同步轻微转动细调节螺旋,调节焦距,以获得清晰物像。

(2)再移动推动器,将所要观察的部位移至视野的中央,观察并记录。

(三)油镜观察

1．调制

(1)转动转换器,将高倍物镜移开,在玻片标本的镜检部位滴1滴香柏油,再将油镜转至镜筒正下方的工作位置,使油镜浸没在香柏油中。

(2)调节光圈和聚光镜,使视野的亮度增加,明亮不刺眼。

在用油镜观察时,染色标本的光线通常要强一些,可将光圈开大,聚光器上升到最高,反光镜调至最强;对于未染色的标本,在观察时应适当缩小光圈,下降聚光器,调节反光镜,使光线减弱,以免光线过强而干扰观察。

2．调焦与观察

(1)左眼看目镜,双手同步轻微转动细调节螺旋,直至获得清晰的物像。

(2)再移动推动器,将最理想的观察部位移至视野中央,观察并记录。

3．整理

(1)观察完毕,先使镜筒上升(或载物台下降)约10 mm,取下玻片标本。

(2)清洗。将油镜转到非工作位置,并在侧面固定;先用擦镜纸擦去镜面上的香柏油,再用蘸有少量二甲苯的擦镜纸擦去镜面上残留的油迹;最后,用干燥的擦镜纸擦去镜面上残留的二甲苯。

(3)将各部位还原,反光镜垂直于镜座,关闭光圈和下降聚光器;将物镜转成"八"字形,再向下旋至最低位置;最后,罩上镜套,放回镜箱中,并填写使用记录。

五、实验报告

1．实验结果

(1)绘图表示大肠杆菌和巨大芽孢杆菌的形态。

(2)绘图表示金黄色葡萄球菌的形态及其排列方式。

2. 思考题

(1)相对于高倍镜,用油镜观察有哪些特殊效果?

(2)在使用油镜时,必须注意哪些操作规范?

(3)试说明影响光学显微镜分辨率的主要因素。

六、注意事项

1. 用显微镜观察时,无论是用单筒显微镜,还是双筒显微镜,均应睁着双眼进行观察,以减少眼睛疲劳,并利于绘图或记录。

2. 在转换物镜时,必须用手指捏住转换器转盘旋转,不能握着物镜旋转,以免光轴逐渐倾斜,影响成像的质量;且应根据不同的物镜及时调节光源,包括开闭光圈、上升或下降聚光器,调节反光镜的镜面与角度,使视野内的光线均匀,亮度适中。

3. 高倍镜和油镜的工作距离甚短,在用粗调节螺旋下调聚焦时,眼睛必须从侧面注视着镜筒的下降;切勿在目镜观察时用粗调节螺旋进行下调准焦,以免压碎玻片、损坏镜头。

4. 用油镜观察时,涂片必须充分干燥,否则残留的水分会稀释镜油,增加光线的折射,并降低分辨率。

5. 在使用镜油后,油镜必须用二甲苯清洁剂清洗,通常是用蘸有二甲苯的擦镜纸擦拭油镜的整个镜面,以免镜油玷污镜面;但二甲苯的蘸取量不能过多,也不能让其在镜面上停留时间过长或残留,以免二甲苯腐蚀和损坏镜头。

6. 擦拭镜头必须用擦镜纸,切忌用手指、纱布或普通的吸水纸等,以免镜头粘上汗渍、油污或镜面产生划痕与磨损,影响观察。

实验 2　微生物大小的测定

一、目的要求

1. 学习并掌握显微测微尺的基本构造及其使用方法。

2. 熟悉常见微生物细胞的大小,增强对微生物细胞大小的感性认识。

二、实验原理

微生物细胞或孢子的大小测定,通常需要借助于一套特殊的测量工具——显微测微尺,它包括目镜测微尺和镜台测微尺两个基本部件(图 2-1)。

镜台测微尺（图 2-1Aa）是一个在特制载玻片中央封固的标准刻度尺,该尺总长为 1.0 mm,精确地分为 10 个大格,每个大格又分为 10 个小格,共 100 个小格,每个小格长度为0.01 mm,即 10 μm。刻度线上覆盖有一张圆形的盖玻片,以保护刻度线久用而不被损坏。镜台测微尺属于标尺,不直接用于细胞大小的测量,只用于校正目镜测微尺每格的相对长度。

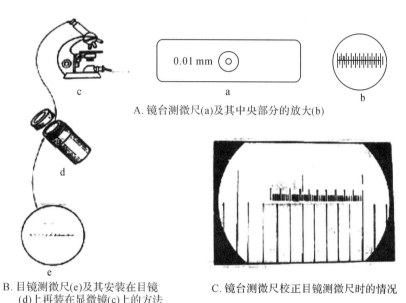

A.镜台测微尺(a)及其中央部分的放大(b)

B.目镜测微尺(e)及其安装在目镜
(d)上再装在显微镜(c)上的方法

C.镜台测微尺校正目镜测微尺时的情况

图 2-1　显微测微尺及其安装与校正

目镜测微尺是一块可放入接目镜内的圆形小玻片,中央有精确的等分刻度,等分为 50 小格和 100 小格两种(图 2-1Ab)。在测量时,需先将其放在接目镜中的隔板上,用于测量经显微镜放大后的细胞物像(图 2-1B)。由于不同显微镜或不同目镜与物镜组合的放大倍数不相同,物镜测微尺中每小格所代表的实际长度也不相同。因此,在用目镜测微尺测量微生物细胞的大小前,必须先用镜台测微尺对其进行校正(图 2-1C),以获得该显微镜在特定目镜与物镜组合状态下,目镜测微尺每小格所代表的实际长度(单位:μm)。

$$目镜测微尺每格长度=\frac{两重合线间镜台测微尺的格数×10}{两重合线间目镜测微尺的格数}$$

经校正后,可用目镜测微尺测量微生物细胞的大小;根据微生物细胞相当于目镜测微尺的格数,计算出细胞的实际大小。

三、实验器材

1. 仪器与用具

(1)仪器:普通显微镜、目镜测微尺和镜台测微尺。

(2)用具:酒精灯、载玻片、接种环、生理盐水、香柏油、二甲苯和擦镜纸等。

2.材料

大肠杆菌、金黄色葡萄球菌和酵母菌的玻片标本或琼脂平板培养物。

四、实验步骤

1. 安装测微尺

(1)取出目镜,旋开接目透镜,将目镜测微尺刻度朝下装入接目镜的隔板上,再旋上接目透镜,将目镜插入镜筒(图 2-1)。

(2)将镜台测微尺置于载物台上(刻度面向上),并使其刻度对准聚光器。

2. 校正目镜测微尺

(1)在低倍镜下校正:调节焦距,看清镜台测微尺的刻度后,转动目镜并移动载物台,使目镜测微尺的"0"刻度与镜台测微尺的一条刻度线重合;再向另一端寻找,看到第二条重合线(图 2-1C)。统计并记录两条重合线之间目镜测微尺和镜台测微尺各自的格数,计算目镜测微尺每格的长度。

(2)在高倍镜和油镜下校正:经调焦、移动载物台,使两个测微尺的刻度线重合,统计两重合线之间两测微尺各自的格数,计算目镜测微尺在高倍镜和油镜下每格的长度。

(3)校正结束后,上升镜筒或下降载物台,移去镜台测微尺,并将其洗净、晾干,放回盒内。

3. 微生物细胞大小的测量

(1)调试:将大肠杆菌的玻片标本置于载物台上,经低倍镜观察后,转至油镜下观察。

(2)测量:转动目镜,使菌体与目镜测微尺平行;再移动载物台,使菌体的一端与目镜测微尺的一条刻度线重合,统计菌体长所覆盖目镜测微尺的格数;同法再测量菌体宽所覆盖目镜测微尺的格数。

(3)计算:将菌体长和宽各自所占的格数,乘以油镜下目镜测微尺每格长度,即为大肠杆菌的长度和宽度。

金黄色葡萄球菌的大小测量也在油镜下进行,而酵母细胞相对较大,其测量可在高倍镜下进行。另外,菌体大小通常需要测量 3 个或 3 个以上细胞,再取平均值表示。

五、实验报告

1. 实验数据及计算

(1)将目镜测微尺在不同物镜下的校正数据填入表 2-1,并计算其每格长度。

表 2-1　目镜测微尺的校正

物镜	目镜测微尺格数	物镜测微尺格数	目镜测微尺每格长度/μm
低倍镜			
高倍镜			
油镜			

（2）将各待测菌的大小测量数据填入表 2-2。

表 2-2　三种微生物大小的测量数据

菌株	测量指标	1	2	3	平均值
大肠杆菌	宽度/格				
	长度/格				
金黄色葡萄球菌	直径/格				
酵母	宽度/格				
	长度/格				

（3）计算各待测菌的大小，填入表 2-3。

表 2-3　三种微生物的个体大小

菌株	目镜测微尺每格长度/μm	宽度/μm	长度/μm	菌体大小
大肠杆菌				
金黄色葡萄球菌				
酵母				

2．思考题

（1）在更换物镜或目镜测量时，必须用镜台测微尺对目镜测微尺进行标定，为什么？

（2）在更换测量标本后，是否也要用镜台测微尺对目镜测微尺进行标定，为什么？

六、注意事项

1．在校正目镜测微尺时，光线不宜太强，否则难以找到镜台测微尺的刻度。

2．在换用高倍镜或油镜测量时，务必十分小心，以防止物镜镜头压坏镜台测微尺，或镜头被损坏。

3．在清除镜台测微尺上的香柏油时，也需用二甲苯等擦拭，但使用量不宜过多，以免封盖标尺的树胶溶解，盖玻片脱落。

4．在测量每种微生物的细胞大小时，通常需要测定 3～5 个细胞的数值，再取其平均值，方有代表性。

实验 3 微生物的显微镜直接计数

一、目的要求

1. 学习并掌握血球计数板的构造及使用方法。
2. 熟悉血球计数板用于微生物计数的操作规范及其要领。

二、实验原理

显微计数法是将少量待测样品的细胞悬液置于一种特定的具有确定容积的载玻片(通常称为计数器)上,在显微镜下直接观察和计数。目前,常用的计数器有血球计数板、Peter-off-Hauser 计菌器和 Hawksley 计菌器。它们的构造基本相同:一块特制的精密载玻片,其上有 4 条沟槽和 3 个平台;且中间较宽的平台比两边的平台略低,中间有一横槽将其隔成两个平台(图 3-1 左),每边的平台上各刻有一个方格网,每个方格网共分为 9 个大方格,中间的大方格为计数室(图 3-1 右)。它们之间也有区别,其中血球计数板相对较厚,中间的平台比两边的平台低 0.1 mm,不能用油镜观察,常用于个体较大的酵母细胞和霉菌孢子等的计数;而两种计菌器相对较薄,中间的平台比两边的平台只低 0.02 mm,可在油镜下观察,常用于细菌等较小细胞的计数。

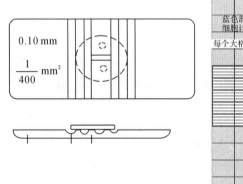

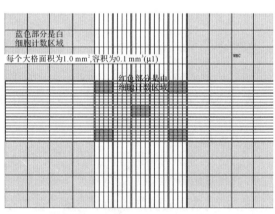

图 3-1 血球计数板及其计数室

左图为计数板的正面与侧面观;右图为计数板的方格网,示中央计数室及其方格网

计数室的刻度通常有两种规格:25×16 型(图 3-1 右,图 3-2)和 16×25 型。在 25×16 型中,中间大方格(计数室)分为 25 个中方格,每个中方格再分成 16 个小方格;在 16×25 型

中,计数室分为 16 个中方格,每个中方格再分成 25 个小方格。因此,两种规格的计数板构造相似,每个计数室均被精密地划分为 400 个小格;且每个中格的四周均有双线标志,以便于在显微镜下区分。

每个大方格边长 1 mm,每个大格的面积为 1 mm²,在盖上盖玻片后,盖玻片与载玻片之间的高度为 0.1 mm(图 3-3)。因此,血球计数板的计数室容积为 0.1 mm³,在盖片后整个计数室内可容纳 10^{-4} ml 溶液。

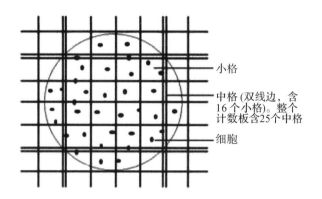

图 3-2　血球计数板(25×16 型)的一个中格,示边缘的双线标志

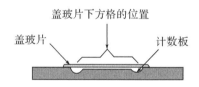

图 3-3　血球计数板的盖片

计数时,通常记下 5 个中方格的总菌数,以求得每个中方格的平均菌数;再乘以 25 或 16,得到一个大格中的总菌数,最后换算成 1 ml 菌液中的总菌数。

三、实验器材

1. 仪器与用具

(1)仪器:普通显微镜和血球计数板。

(2)用具:95%的乙醇棉球、吸水纸、生理盐水、毛细滴管、接种环、三角烧瓶、试管、小玻璃珠、香柏油、二甲苯和擦镜纸等。

2. 材料

大肠杆菌、金黄色葡萄球菌和酿酒酵母的斜面培养物。

四、实验步骤

1. 菌悬液制备

(1)将 5 ml 的无菌生理盐水加到培养着大肠杆菌(或其他微生物)的斜面上,用无菌的接种环将斜面上的菌苔轻轻来回刮落,使细胞悬浮于液体中。

(2)将斜面内的菌液倒入盛有 5 ml 生理盐水和玻璃珠的三角烧瓶中,充分振荡,使细胞分散,制成菌悬液。

(3)在使用前,菌悬液可根据其含菌量做适度的稀释,稀释时也需加玻璃珠充分振荡。

2. 检查血球计数板

(1)在加样测定前,应先对血球计数板的计数室进行镜检。

(2)若有污物,可先用自来水冲洗,再用 95% 的乙醇棉球轻轻擦洗;最后,用干燥的吸水纸吸干或用电吹风的冷风吹干。

(3)盖玻片也需清洁,在清洗后泡在 95% 乙醇溶液中,用时用酒精灯缓火烤干。

3. 加样品

(1)将清洁干燥的计数板盖上 1 张盖玻片,再用无菌的毛细滴管将待测菌的菌悬液滴加到盖玻片边缘,让菌悬液沿缝借助于毛细渗透作用自动进入计数室,再用镊子轻压盖玻片,以免菌悬液过多将盖玻片顶起,使计数室的容积增大。

(2)加样完毕,静置 5 min,使细胞自然沉降。

4. 显微镜计数

(1)将加样的血球计数板置于显微镜的载物台上,先用低倍镜找到计数室的所在位置,再换成高倍镜进行计数。若菌悬液过浓或过稀,需要重新调节稀释度后再加样计数;通常,样品的稀释度以每小格内有 5~10 个菌体为宜。

(2)每个计数室需选 5 个中格(通常选 4 个角和中央的一个中格)中的菌体进行计数。位于格线上的菌体须按统一规则计数,如 5 个中格都只计数上方线和右边线上的。一个样品通常以两个计数室中的平均数来计算菌悬液的含菌量。

5. 清洗

计数完毕后,血球计数板必须按照操作规范(见步骤 2)进行清洗、干燥,再放回盒中,以备下次使用。

五、实验报告

1. 实验数据及计算

(1)将 3 种微生物显微计数的测量数据记录于表 3-1,其中 A 表示中格菌数的平均值,B

表示菌液稀释倍数。

（2）计算 3 种菌悬液的含菌量，公式如下：

$$含菌量（个/ml）=\frac{x_1+x_2+x_3+x_4+x_5}{5}×25（或 16）×10^4×稀释倍数$$

表 3-1　三种微生物样本显微计数的测量结果

		各中格的细胞数					A	B	两室	细胞数
		x_1	x_2	x_3	x_4	x_5			平均值	/（个/ml）
大肠杆菌	第 1 室									
	第 2 室									
金黄色	第 1 室									
葡萄球菌	第 2 室									
酵母	第 1 室									
	第 2 室									

2．思考题

（1）试简述用血球计数板进行计数的优缺点。

（2）通过实验，总结血球计数板计数误差的引发因素及其消除方法。

六、注意事项

1．用接种环刮取斜面上的培养物时动作要轻，以免将琼脂培养基刮起。

2．计数板上计数室中的刻度非常精密，清洗时常用棉球轻擦，切勿用粗纸或刷子擦刷；干燥时只能自然干燥或用冷风吹干，不能用热风吹干或火焰烘烤计数板。

3．活细胞通常是无色透明的，在显微计数未染色的细胞时视野的亮度应适度降低，以增大反差、利于观察。

4．取样前须先将菌悬液摇匀，加样时计数室内不可有气泡，以免非随机取样或取样量不精确，产生计数的误差。

5．计数时，对压在中格双线上的菌体通常只能计一半数，即只计压在底线（或上线）与左线（或右线）上的菌体数，以免重复计数或漏计。

6．在遇到酵母的菌体出芽时，只有当芽体与母细胞一样大时才计为 2 个。

实验 4　电子显微镜样品的制备

一、目的要求

1. 学习电子显微镜的工作原理。
2. 学习并掌握制备微生物电子显微镜样品的基本方法。

二、实验原理

分辨率是显微镜最重要的质量参数,其大小与所用光的波长有关。1933 年出现的电子显微镜,以电子束作为光源,其波长是可见光波长的十万分之一,使得显微镜的分辨率显著提高。因此,运用电子显微镜技术,可观察到光学显微镜下看不到的各种细胞器等超微结构。

基于电子显微镜的光源用电子束,其构造与光学显微镜明显不相同,主要差别为:①镜筒内要求高真空,因为高速运行的电子若遇到游离的气体分子,会发生碰撞而偏转,导致物像散乱不清;②聚焦用电磁圈,因为电子是带电荷的粒子,需用磁场来汇聚"光线";③需用电子屏来显示或感光胶片作记录,因为电子是我们的肉眼看不到的。

随着科学技术的发展,电子显微镜技术越来越丰富。根据电子束照射样品的方式不同,以及利用电子信号成像的原理不同,形成了现代电子显微镜的多种类型。目前最常用的是透射电子显微镜(transmission electron microscope, TER)和扫描电子显微镜(scanning electron microscope, SER)。电子显微镜属于大型精密仪器,需要专人操作。本实验主要介绍上述两种电子显微镜的样品制备。

三、实验器材

1. 实验材料

大肠杆菌斜面培养物,质粒 pBR322。

2. 溶液和试剂

(1)溶液:2%磷钨酸钠(pH 6.5~8.0)水溶液、0.3%聚乙烯甲醛(溶于三氯甲烷)溶液、无菌水等。

(2)试剂:醋酸戊酯、浓硫酸、无水乙醇、细胞色素 C、醋酸铵等。

3. 仪器和用具

(1)仪器:普通显微镜、细菌计数器、真空镀膜机和临界点干燥仪等。

（2）用具：铜网、瓷漏斗、烧杯、平皿、无菌滴管、镊子、刀片、大头针和载玻片等。

四、实验操作

（一）透射电子显微镜样品的制备与观察

1. 金属网的处理

由于电子不能透过玻璃，电子显微镜样品只能用网状材料作为载物，称为载网；载网在使用前要进行处理，去除其上的污物，以免影响支持膜的质量及标本照片的清晰度。载网因材料和性状不同而有多种规格，最常用的是 200～400 目的铜网。网在使用前需先处理，以清除其上的污物。铜网的处理方法如下：

（1）用醋酸戊酯浸泡几个小时，再用蒸馏水冲洗数次；再将铜网浸泡在无水乙醇中脱水。

（2）若经上述方法处理的铜网仍然不干净，可用稀释的浓硫酸（1∶1）浸泡 1～2 min，或在 1% NaOH 溶液中煮沸数分钟，再用蒸馏水冲洗数次，用无水乙醇脱水，待用。

2. 支持膜的制备

在样品观察时，载网上还需覆盖一层无结构、均匀的薄膜，通常称为支持膜或载膜，以免细小的样品从载网的孔中漏出。支持膜对电子透明，其厚度通常小于 20 nm；该膜还需有一定的机械强度，在电子束的冲击下能保持其结构的稳定，且拥有良好的导热性。支持膜常用塑料膜，如火棉胶膜、聚乙烯甲醛膜等；也可用碳膜或金属膜，如铍膜。

（1）火棉胶膜的制备：取一个干净的容器（烧杯、平皿或下带止水夹的瓷漏斗），加入一定量的无菌水，用无菌滴管吸取 2% 火棉胶醋酸戊酯溶液，滴 1 滴于水面中央，勿振荡，待醋酸戊酯蒸发，火棉胶则由于水的张力而在水面上形成一层薄膜；用镊子去除薄膜，再重复 1 次该操作，以清除水面上的杂质。然后，滴 1 滴火棉胶液于水面（1 滴的量与形成膜的厚薄有关），待膜形成后，检查膜是否有皱褶，若有则除去，直至膜制备好。

（2）聚乙烯甲醛膜的制备：①将洗干净的玻璃板插入 0.3% 的聚乙烯甲醛溶液中静置片刻（时间视所要求的膜厚度而定），取出稍微晾干便会在玻璃板上形成一层薄膜；②用锋利的刀片或针头将膜刻一矩形；③将玻璃板轻轻斜插于盛满无菌水的容器中，借助水的表面张力使膜与玻片分离，并漂浮在水面上。

3. 转移支持膜到载网上

转移方法多样，常采用以下两种。

（1）将洗净的网放入瓷漏斗中，漏斗下套上乳胶管，用止水夹控制水流，缓慢向漏斗内加入无菌水，至约 1 cm 高；用无菌镊子尖轻轻排除铜网上的气泡，并将其均匀地摆放在漏斗中心区域；按照步骤 2 所述方法在水面上制备支持膜，再松开水夹，使膜缓慢下沉，紧贴在铜网上；取一清洁的滤纸覆盖在漏斗上防尘，自然干燥或红外灯下烤干；待膜干燥后，用大头针尖在铜网周围划一下,用无菌镊子将铜网膜移到载玻片上,于显微镜下用低倍镜挑选完整无缺、厚薄均匀的铜网膜备用。

（2）按照步骤2所述方法在平皿或烧杯内制备支持膜,成膜后将几片铜网放在膜上,再在上面放1张滤纸,浸透后用镊子将滤纸反转提出水面;将有膜及铜网面朝上置于干净平皿中,40 ℃恒温烘干。

4. 制片

（1）细菌的电子显微镜样品制备:

①将适量无菌水加入生长良好的细菌斜面内,用吸管轻轻拨动菌体制成菌悬液;用无菌滤纸过滤,并调整滤液中的细胞浓度为$10^8 \sim 10^9$个/ml。

②取等量上述菌悬液与2%的磷钨酸钠水溶液混合,制成混合菌悬液。

③用无菌毛细滴管吸取混合菌悬液,滴加在铜网上。

④经3~5 min后,用滤纸吸去余水,待样品干燥后,置于低倍镜下检查,挑选膜完整、菌体分布均匀的铜网。

为了保持菌体的原有形态,常用戊二醛、甲醛、锇酸蒸汽等试剂小心固定后再进行染色。方法是将制备好的菌悬液经过滤,再向滤液中加几滴固定液(如pH 7.2、15%的戊二醛磷酸缓冲液);经预固定后,离心收集菌体,制成菌悬液,再加几滴新鲜的戊二醛,在室温或4 ℃冰箱内固定过夜。次日,再离心收集菌体,并用无菌水制成菌悬液,调整细胞浓度为$10^8 \sim 10^9$个/ml。染色常采用负染法,用电子密度高、本身不显示结构,且与样品几乎不发生反应的物质,如磷钨酸钠或磷钨酸钾等,对样品进行染色。

（2）核酸分子的电子显微镜样品制备:核酸分子链较长,采用普通的滴液法或喷雾法容易破坏其结构;目前,多采用蛋白质单分子膜技术进行核酸分子样品的制备。因为很多球状蛋白能在水溶液或盐溶液的表面形成不溶的变性膜,在适宜条件下形成的是单分子层,由肽链构成一个分子网。当核酸分子与该蛋白质单分子膜作用时,会因蛋白质的氨基酸碱性侧链基团的作用,使得核酸从三维空间结构的溶液构型吸附于肽链网而转变为二维空间构型,并使形态、结构均保持一定程度的完整性。最后,将吸附有核酸分子的蛋白质单分子膜转移到载膜上,用负染法等增加样品的反差,可置于电子显微镜下观察。将核酸吸附到膜上的方法有展开法、扩散法和一步稀释法等,展开法的操作如下:

①将质粒pBR322与细胞色素C(碱性球蛋白)溶液混合,使质量浓度分别达到$0.5 \sim 2$ mg/ml和0.1 mg/ml,并加入终浓度为$0.5 \sim 1$ mol/L的醋酸铵溶液和1 mol/L的乙二胺四乙酸二钠溶液,成为展开溶液,pH为7.5。

②取一个干净的平皿,注入一定的下相溶液(蒸馏水或$0.1 \sim 0.5$ mol/L的醋酸铵溶液),并在液面上加入少量滑石粉;取1片干净的载玻片放于平皿中,用微量注射器或移液枪

吸取 50 μl 的展开溶液,在离下相溶液表面约 1 cm 的载玻片上前后摆动,滴于载玻片的表面,此时滑石粉层后退,表明蛋白质单分子膜逐渐形成,整个过程需 2～3 min。载玻片的倾斜角度决定展开液下滑至下相溶液的速度,并影响单分子膜的形成质量,通常以倾斜度 15°为宜。实验证明,1 mg 的蛋白质展开成良好的单分子膜,其面积约为 1 m^2,由此面积可估计最终形成的单分子膜的好坏。

③单分子膜形成后,用电子显微镜镊子取一覆有支持膜的载网,支持膜朝下放置于离单分子膜前沿 1 cm 或距离载玻片 0.5 cm 的膜表面上,并用镊子即刻捞起,单分子膜就吸附于支持膜上;多余的液体可用小片滤纸吸去,也可将载网直接漂浮于无水乙醇中 10～30 s。

④将载有单分子膜的载网置于 10^{-5}～10^{-3} mol/L 的醋酸铀乙醇溶液中染色约 30 s,或用旋转投影的方法将金属喷镀于核酸样品的表面;也可将两种方法结合,先染色再进行投影,其效果有时比单独使用更好。

5. 观察

将载有样品的铜网置于透射电子显微镜中进行观察。

(二)扫描电子显微镜样品的制备与观察

扫描电子显微镜观察要求样品必须干燥,且表面能够导电。因此,在扫描电子显微镜观察的生物样品制备时,通常需要采用固定、脱水、干燥及表面镀金等处理。

1. 固定及脱水

(1)固定:将干净的经处理的盖玻片切割成 4～6 mm^2 的小块,将待检而较浓的大肠杆菌悬浮液滴加其上,或将菌苔直接涂上,也可用盖玻片小块粘贴于菌落表面,自然干燥后置于光镜下镜检,以菌体较密又不堆积为宜。标记盖玻片小块有样品面,将其置于 1％～2％戊二醛磷酸缓冲液(pH 7.2)中,4 ℃冰箱固定过夜。

(2)脱水:次日以 0.15％的相同缓冲液冲洗,再用 40％、70％、90％和 100％的乙醇依次脱水,每次 15 min;脱水后,用醋酸戊酯置换乙醇。

2. 干燥

将上述样品置于临界点干燥仪中,浸泡于液态 CO_2 中,加热到临界点温度(31.4 ℃,7376 kPa,即 72.8 个大气压)以上,使之汽化进行干燥。

样品经脱水后,有机溶剂侵占了原来水的位置,样品还是浸润在溶剂中,还需将这些溶剂去除。目前常采用的方法是临界点干燥法,其原理是在一个装有溶液的密封容器中,随着温度升高,蒸发速率加快,气相密度增加,液相密度下降;当温度增加到某个定值时,气、液二相密度相等,界面消失,表面张力也不存在,此时的温度与压力称为临界点。将生物样品用临界点较低的物质置换出内部的脱水剂进行干燥,可以完全消除表面张力对样品结构的破坏。目前,用得最多的置换剂是 CO_2,它与乙醇的互溶性不好,因而样品经乙醇脱水后还需用能与这两种物质都能互溶的"媒介液"醋酸戊酯置换乙醇。

3．喷镀及观察

将样品放在真空电镀机内,将金喷镀到样品表面,取出样品,在扫描电子显微镜中进行观察。

五、实验报告

1．实验结果

(1)绘图描述你所制备的大肠杆菌电子显微镜制片中观察到的形态结构。

(2)绘图描述你所制备的pBR322质粒DNA电子显微镜制片中观察到的形态特征。

2．思考题

(1)利用透射电子显微镜观察样品时为什么要放在以金属网作为支架的火棉胶膜上,而扫描电子显微镜可将样品固定在盖玻片上观察?

(2)用负染法制片时,磷钨酸钠或磷钨酸钾起什么作用?

六、注意事项

1．在制样前,需对所用菌株进行活化,并用新鲜的培养物为材料,以保证电子显微镜所观察到的细胞形态均一。

2．制备火棉胶膜时,所用的溶液不能含有水分和杂质,否则形成的膜质量较差;待膜成形后,可从侧面对光检查膜是否完整和是否有杂质。

3．制备聚乙烯甲醛膜时,所用的玻片要干净,否则膜难以脱落;在漂浮膜时,动作要轻,手不能抖动,以免膜发皱;且工作环境要干燥,操作时应防风避尘,所用溶液也必须有足够的纯度,以消除不良影响,保障膜的质量。

4．在进行重金属负染时,应让滤纸轻轻接触铜网的侧下方,不能从铜网的上方直接吸去液体,以保证在多余液体被吸去时样品能完好滴铺在支持膜上。

5．在单分子膜形成时,整个装置需用玻璃罩等物盖住,以防操作人员的呼吸和其他人员走动等引起的气流影响及灰尘等的污染;在展开溶液中若加入一些与核酸量相差不大的指示标本,如烟草花叶病毒等,则有利于鉴定单分子膜的展开等。

第 2 章　微生物的制片与染色技术

微生物个体微小,需要利用显微镜对其细胞形态、结构、大小和排列进行观察,且观察的样品需要置于载玻片上,以制成相应的玻片标本。不同类型的微生物,其形态结构不同,玻片标本的制作(简称为制片)方法也不相同。单细胞微生物的制片方法主要有涂片法和滴片法,多细胞丝状微生物的制片方法主要有插片法、搭片法和载玻片培养法。

通常,构成微生物细胞的各种结构成分都是无色透明的,需要利用染料对细胞结构进行染色,使观察部位与背景形成鲜明的对比,以便能清晰地显示相应的结构。微生物种类繁多,各类细胞的结构和组分不相同,对染料的亲和力也不相同。目前,用于微生物学研究的染色方法很多,主要有单染色法、复染法和负染法。

本章安排 6 个实验,主要包含以下内容:不同类型微生物的制片技术,微生物细胞的简单染色技术,细菌芽孢、荚膜和鞭毛的染色技术,革兰氏染色技术。目标是使学生对微生物的制片技术与染色技术有较为系统的认识,并能根据观察对象和观察目标等,选择相应的制片方法和染色方法。

实验 5　细菌与酵母菌的制片及其简单染色

一、目的要求

1. 学习并掌握细菌和酵母菌的制片及其简单染色技术。
2. 熟悉常见细菌和酵母菌的形态特征。

二、实验原理

细菌和酵母菌均属于单细胞微生物,它们的制片方法不尽相同。在固体培养基上培养的细菌,其制片通常采用涂片法。涂片法通过涂抹使细胞在载玻片上呈现均匀的单层分布,以免菌体堆积而无法观察个体形态;再经干燥和适度加热使细胞质凝固,并将细胞固定在载玻片上。该法的特点是无须盖上盖玻片,便于随后的染色和水洗等操作。

酵母菌个体比常见细菌大几倍甚至几十倍,且多数以出芽方式进行无性繁殖。如果采用涂片法制片可能会损伤细胞,一般采用滴片法。将酵母培养物先制备成细胞悬液,再滴加到载玻片上,盖片后可观察酵母的细胞形态及其出芽生殖。亚甲蓝是一种对细胞毒性很低的活体染料,其氧化型呈蓝色,还原型呈无色。活细胞具有较强的还原能力,能将亚甲蓝由氧化型转变为还原型,使活细胞染色后呈无色;而死细胞和衰老细胞的还原能力弱,染色后细胞呈蓝色或淡蓝色。因此,可用亚甲蓝染液对酵母细胞进行死活鉴别。

简单染色是利用单一染料对菌体进行染色。用于染色的染料是一类苯环上带有显色基团和助色基团的有机化合物;显色基团赋予染料的颜色特征,而助色基团使染料能够形成盐。只含有显色基团而不含有助色基团的苯环化合物,可称为色原。其即便有颜色也不能作为染料,因为它不能电离,也就不能与酸或碱形成盐,难以与微生物细胞结合而着色。

用于微生物细胞的染料都是盐类,可分为碱性染料和酸性染料。碱性染料主要有亚甲蓝、结晶紫、碱性复红、沙黄(番红)和孔雀绿等;酸性染料主要有酸性复红、伊红和刚果红等。在通常情况下,微生物细胞的简单染色用碱性染料,因为微生物在碱性、中性及弱酸性溶液中通常带负电荷,碱性染料电离后显色部分带正电荷,容易结合而着色;只有在细胞处于酸性环境下(如细菌分解糖类产酸)所带正电荷增加时,才采用酸性染料染色。

三、实验器材

1. 染液和试剂

(1)染液:草酸铵结晶紫染液、石炭酸复红染液、吕氏碱性亚甲蓝染液等。

(2)试剂:50%乙醇溶液、20%甘油溶液、生理盐水、香柏油和二甲苯等。

2. 菌种

(1)枯草芽孢杆菌12～18 h牛肉膏蛋白胨琼脂斜面培养物和金黄色葡萄球菌24 h牛肉膏蛋白胨琼脂斜面培养物,用于涂片法观察细菌的形态。

(2)酿酒酵母2 d麦芽汁斜面培养物,用于滴片法观察酵母形态及细胞死活状况。

3. 仪器和用具

(1)仪器:普通显微镜和电热恒温培养箱。

(2)用具:酒精灯、电吹风、载玻片、盖玻片、滴管、接种环、试管和擦镜纸等。

四、实验步骤

(一)细菌制片及简单染色

1. 涂片

(1)取一块洁净的载玻片,在其近中央处滴加1小滴生理盐水(或染液)。

(2)用接种环经无菌操作处理(在酒精灯的火焰上焚烧后冷却),在相应的斜面培养物上挑取适量的菌苔,将粘有菌苔的接种环置于载玻片上的生理盐水中涂抹,使细菌在载玻片上形成一层均匀的薄膜(图 5-1)。

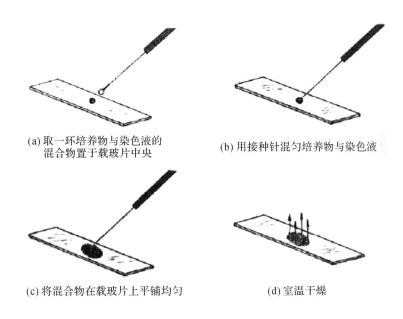

(a)取一环培养物与染色液的　　　　　　(b)用接种针混匀培养物与染色液
　　混合物置于载玻片中央

(c)将混合物在载玻片上平铺均匀　　　　　　(d)室温干燥

图 5-1　细菌涂片的制作过程

(3)涂片完毕,将接种环上残留的细菌用火焰焚烧法清除。

2.干燥与固定

(1)干燥:自然干燥或用电吹风冷风吹干。

(2)固定:以涂菌面朝上,在火焰上快速过 3～5 次。

该过程称为热固定,目的是使细胞质凝固,以维持细胞的形态,且使细胞牢固地附着在载玻片上;操作时,载玻片的温度不能过高,通常控制在 50 ℃ 以下(将载玻片放在手背上不烫手为宜)。另外,干燥与固定也可合并,即在涂片后直接快速过火焰进行干燥固定。

3.染色

(1)滴加染液:将载玻片水平放置,滴加相应的染液 1～2 滴,以覆盖涂菌部位。

(2)染色:草酸铵结晶紫染液和石炭酸复红染液,染色时间 1 min;吕氏碱性亚甲蓝染液,染色时间 1.5 min。

4.水洗和干燥

(1)水洗:倾去染液,用自来水冲洗玻片的背面,水流不宜过急,至流出水无色为止。

(2)干燥:用干燥的吸水纸吸去残水,再自然干燥或电吹风冷风吹干。

5.镜检

将制好的细菌涂片置于显微镜下,用油镜观察并记录细菌的形态。

(二)酵母菌制片及简单染色

1. 制备细胞悬液

用接种环(经无菌操作处理)从酵母斜面培养物上挑取菌体,置于少量生理盐水(含0.1%吕氏碱性亚甲蓝染液)中,混合均匀。

2. 滴片制作

(1)取1块洁净的载玻片,滴加1滴酵母细胞悬液。

(2)用镊子取1张洁净的盖玻片,并将盖玻片的一边与载玻片上的液滴接触;再将盖玻片缓速向液滴处倾斜;至两玻片之间约为10°时,抽出镊子,使盖玻片水平覆盖在菌液上。

(3)用镊子轻压盖玻片,再用吸水纸拭去盖玻片边缘溢出的液体。

3. 镜检

(1)制片完成后放置3 min,用低倍镜和高倍镜观察酵母的细胞形态及其出芽情况,并依据细胞颜色判别死、活细胞,统计2~3个视野中死、活细胞的数量。

(2)将制片放置30 min后,再次观察,并统计2~3个视野中死、活细胞的数量。

4. 对照实验

用0.05%吕氏碱性亚甲蓝染液为参比,经细胞悬液制备、滴片和镜检,统计放置3 min和30 min的死、活细胞数量。

五、实验报告

1. 实验结果

(1)绘图并说明金黄色葡萄球菌和枯草芽孢杆菌的形态。

(2)绘图说明酿酒酵母的形态及其出芽生殖。

(3)根据你的实验,说明吕氏碱性亚甲蓝染液的浓度及作用时间与酵母菌死、活细胞数量的关系,填入表5-1。

表5-1 吕氏碱性亚甲蓝染液浓度及作用时间与酵母死、活细胞数量的关系

吕氏碱性亚甲蓝染液浓度	0.1%		0.05%	
作用时间/min	3	30	3	30
每视野活细胞数/个				
每视野死细胞数/个				

2. 思考题

(1)要制作1张理想的细菌涂片,其操作应注意哪些环节?

(2)为什么细菌与酵母通常采用不同的制片方法?

(3)试说明酵母菌死活细胞数量随吕氏碱性亚甲蓝染液浓度及作用时间变化的原因。

六、注意事项

1. 在制作涂片时,滴加的生理盐水不宜过多,否则难以干燥;且取菌量也不宜太多,否则涂菌过厚,难以涂抹成一薄层,观察不到单个菌体的形态及其排列方式。

2. 涂片在加热固定时,载玻片必须在火焰上方来回移动,且连续来回的次数不宜过多,尽可能使载玻片的温度不超过 50 ℃,以免载玻片破裂、材料烤糊。

3. 涂片的染色须在样本完全干燥后进行,否则样品不能固定在玻片上,容易被随后的水洗所冲起而脱落。

4. 制备细胞悬液时,用接种环挑取菌落表面的菌体,且与染液充分混合;但接种环搅动时不能过于剧烈,以免破坏细胞。

5. 滴片制作时,滴加的菌液要适中,因为盖片时菌液过多会溢出,过少会产生气泡;且盖片时应缓速由倾斜转为水平,以免产生气泡。

实验 6　放线菌与霉菌的制片

一、目的要求

1. 学习和掌握丝状微生物的玻片标本的制作方法。
2. 初步明确放线菌和霉菌菌丝体的构成及其形态特征。

二、实验原理

放线菌和霉菌具有发达的丝状体,由基内菌丝(或营养菌丝)、气生菌丝和孢子丝组成;基内菌丝长在培养基中,用接种针等不易挑取,采用常规的制片方法,很难获得自然着生的菌丝体形态,也难以观察到子实体及孢子丝的着生状态。

放线菌的制片通常采用插片法和搭片法(图 6-1)。插片法是将灭菌过的盖玻片斜插到接种有放线菌的琼脂平板上;搭片法是先在琼脂平板上开一小槽,再在槽上搭上盖玻片连接。上述两种处理均可使放线菌沿着盖玻片和培养基的交接处生长,并自然地附着在盖玻片上。取出盖玻片,可直接观察放线菌的自然生长状况及不同生长时期的菌丝体形态。

霉菌的制片通常采用载玻片培养法,也可采用插片法。其中,载玻片培养法是观察丝状真菌或放线菌生长全过程的一种有效方法。该法主要通过无菌操作将薄层琼脂培养基移到

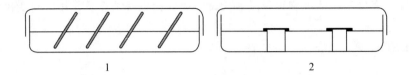

图 6-1　插片法和搭片法示意图(1 为插片,2 为搭片)

载玻片上,接种后盖上盖玻片培养,一段时间后就可观察菌丝体在盖玻片和载玻片之间的生长状况。另外,霉菌的制片不宜干燥,可用树胶封固,以防止孢子飞散。

三、实验器材

1. 染液和试剂

(1)染液:吕氏碱性亚甲蓝染液、乳酸石炭酸棉蓝染液等。

(2)试剂:50％乙醇溶液、20％甘油溶液、生理盐水、香柏油和二甲苯、高氏Ⅰ号培养基平板和马铃薯琼脂薄层平板等。

2. 菌种

(1)球孢链霉菌和华美链霉菌 3～5 d 高氏Ⅰ号培养基平板培养物,用于插片法观察放线菌的 3 种菌丝形态。

(2)青霉、黑曲霉和黑根霉 48 h 马铃薯琼脂平板培养物,用于直接制片和载玻片培养法观察霉菌的 3 种菌丝形态。

3. 仪器和用具

(1)仪器:普通显微镜和电热恒温培养箱。

(2)用具:酒精灯、载玻片、盖玻片、培养皿、滴管、U 形玻棒、接种环、试管、解剖刀、镊子和擦镜纸等。

四、实验步骤

(一)放线菌的制片

Ⅰ. 插片法

1. 倒平板

将高氏 1 号琼脂培养基融化,冷却至 50 ℃左右,倒平板,每皿约 20 ml,冷却待用。

2. 插片

通常有两种方法。

(1)先接种后插片:①用接种环(经无菌操作处理)在放线菌的斜面培养物中挑取少量孢子,置于高氏Ⅰ号琼脂平板的一侧(约半个平板),再向另一侧画线接种;②用镊子(经火焰焚烧灭菌)取无菌的盖玻片,在接种线处将盖玻片的 1/3 以约 45°角插入琼脂平板内。

(2)先插片后接种:①用镊子取无菌的盖玻片,将盖玻片的 1/3 以约 45°角插入琼脂平板内;②用接种环将菌种接到在交界线上的中间(接种线长约为盖玻片的一半,两端各留有空白)。用该法制备的片子,其菌丝均在接种面上,镜检时无须擦去盖玻片另一面的菌丝。

3. 培养

将插片的平板倒置于培养箱,28 ℃恒温培养 3～7 d。

4. 镜检

(1)用镊子小心取出盖玻片,用吸水纸擦去盖玻片背面的培养物。

(2)将盖玻片的无菌丝面放在洁净的载玻片上,用高倍镜或油镜观察,并记录待检菌 3 种菌丝的形态。

若滴加吕氏碱性亚甲蓝染液,则观察效果更好。

Ⅱ. 搭片法

1. 开槽

(1)用无菌的解剖刀在凝固的琼脂平板上开 1 个或 2 个小槽,槽的宽度约 0.5 cm。

(2)用无菌的镊子去除槽内的琼脂条。

2. 画线接种

用接种环(经无菌操作处理)在待测菌的平板菌苔上挑取少量放线菌孢子,在槽口边缘来回画线,将孢子接于槽缘。

3. 搭片

用镊子取无菌的盖玻片,将其盖在琼脂平板的槽面上,每个槽面可盖 3～5 张盖玻片。

4. 培养和镜检

培养条件和镜检内容与插片法相同。

(二)霉菌的制片

Ⅰ. 直接制片法

1. 制片

(1)取一片洁净的载玻片,加 1 滴乳酸石炭酸棉蓝染液。

(2)用镊子从相应的霉菌琼脂平板培养物中取菌丝,置于 50%乙醇溶液中浸泡一下,以洗去脱落的孢子。

(3)将所取菌丝置于染液中,用解剖针小心地将菌丝分开,并去掉培养基,盖上盖玻片。

2. 镜检

在低倍镜和高倍镜下,观察并记录待检菌 3 种菌丝的形态。

Ⅱ. 载玻片培养法

1. 培养小室的准备

(1)以直径为 9 cm 的培养皿作为培养小室,先在培养皿的底部铺一张圆形的滤纸,滤纸上放一个 U 形玻璃棒,玻璃棒上搁置洁净的载玻片 1 张和盖玻片 2 张,盖上皿盖(图 6-2)。

(2)将培养小室外包牛皮纸捆扎后,在 121 ℃灭菌 30 min,60 ℃烘箱烘干,备用。

2. 接种

(1)用接种环挑取少量待观察菌种的孢子,置于培养小室内载玻片的适当位置上。

(2)为充分利用载玻片面积,每张载玻片上可涂两处(图 6-2)。

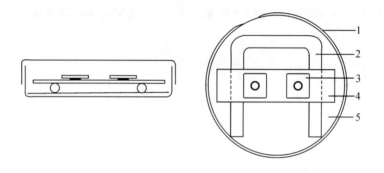

1. 培养皿 2. U 形玻璃棒 3. 盖玻片 4. 载玻片 5. 滤纸片

图 6-2 培养小室(左为侧面观,右为顶面观)

3. 培养

(1)加培养基:用无菌滴管吸取少量上述熔化培养基,滴加在接种后的载玻片上;培养基滴加量宜少,外形应圆而薄(直径约 5 mm)。

(2)加盖玻片:用无菌镊子取培养小室内的 2 张盖玻片,分别盖在凝固后的两处培养基上;再用小镊子轻轻压几下,使载玻片与盖玻片接近,但须留有约 1/4 mm 的距离。

(3)加保湿剂:将 3～5 ml 灭菌过的 20% 甘油加到培养小室中的滤纸上(用于保持湿度),盖上培养皿盖,置于培养箱中 28 ℃恒温培养。

4. 镜检

(1)培养 1～2 d 后取出载玻片,在显微镜下观察营养菌丝和气生菌丝的形态结构。

(2)培养 3 d 后取出载玻片,观察营养菌丝、气生菌丝和孢子丝的形态结构,以及其他特殊构造,如曲霉的顶生孢囊、青霉的分生孢子梗等。

Ⅲ. 插片法

基本流程为:倒平板、接种与插片、培养和镜检,操作过程与放线菌的插片法相同。

五、实验报告

1. 实验结果

(1)绘图并说明球孢链霉菌 3 种菌丝的形态及其结构特征。

(2)绘图并说明青霉、黑曲霉和黑根霉 3 种菌丝的形态及其结构特征。

(3)比较放线菌与霉菌的菌丝体形态及其结构差异。

2. 思考题

(1)制作 1 张较为理想的丝状微生物的装片,其操作应注意哪些环节?

(2)试比较插片法与搭片法制备放线菌玻片标本的利弊。

(3)试说明载玻片培养法的优缺点。

六、注意事项

1. 放线菌的生长相对较为缓慢,培养周期较长,在接种与插片等过程中要注意无菌操作,以防止杂菌污染。

2. 采用插片法观察时,移动盖玻片切勿碰到菌丝体,且盖玻片的有菌面必须朝上,以免破坏菌丝体形态。

3. 在观察放线菌时滴加 0.1% 亚甲蓝溶液染色,观察霉菌时滴加乳酸石炭酸棉蓝染色,镜检的效果更好。

4. 在做载玻片培养时,培养基要铺得圆且薄,接种的菌种量要适宜,尽可能将分散的孢子接种在琼脂块边缘,以免培养后菌丝过于密集影响观察;在盖上盖玻片时,不能产生气泡。

实验 7　细菌的芽孢、荚膜和鞭毛染色

一、目的要求

1. 学习细菌的芽孢、荚膜和鞭毛的染色方法,并掌握这些结构的形态特征。

2. 巩固显微镜技术、无菌操作技术和细菌的制片技术。

二、实验原理

简单染色法通常只适用于常见微生物菌体的染色,而某些细菌具有特殊结构,如芽孢(spore)、荚膜(capsule)和鞭毛(flagella),这些结构的观察需要先进行针对性的染色。

芽孢是某些细菌如芽孢杆菌属和梭菌属细菌生长到一定阶段在细胞内形成的一种抗逆性很强的休眠结构,也称内生孢子(endospore),呈圆形或椭圆形。与细胞体相比,芽孢壁厚、通透性低而不易着色,但一旦着色就难以脱色;利用该特性,可采用复染法观察芽孢。首先,用着色能力很强的染料(如孔雀绿和石炭酸复红)在加热条件下染色,使菌体和芽孢均着色;接着,水洗脱色,菌体中的染料被洗脱,而芽孢内的染料依然保留;最后,用对比度较大的复染液染色,可将两者区别开来。

荚膜是包裹在某些细菌细胞外的一层黏液状或胶状物质,含水量很高,还有多糖、多肽和糖蛋白等。荚膜不易着色且容易被水洗去,通常采用负染法进行染色。负染法就是将背景着色,而荚膜不着色,在深色背景下呈现发亮区域。能否产生芽孢及芽孢的形状、着生部位、芽孢囊是否膨大等特征是细菌分类的重要指标。

鞭毛是某些细菌的纤丝状运动"器官",鞭毛的有无与数量,以及鞭毛的着生方式等也是细菌分类的重要指标。鞭毛直径一般为 10～30 nm,只有用电子显微镜才能直接观察;若用普通的光学显微镜观察,必须运用鞭毛染色法。首先,用媒染剂(如丹宁或明矾钾等)处理,使媒染剂附着在鞭毛上使其加粗;然后,用碱性复红(Gray 氏染色法)、碱性复品红(Leifson 氏染色法)、硝酸银(West 氏染色法)或结晶紫(Difco 氏染色法)进行染色。

三、实验器材

1. 染液和试剂

(1)染液:5%孔雀绿水溶液、0.5%番红水溶液、绘图墨水(滤纸过滤后使用)、1%结晶紫水溶液、硝酸银鞭毛染液、Leifson 氏鞭毛染液、0.01%亚甲蓝水溶液。

(2)试剂:6%葡萄糖水溶液、20%硫酸铜水溶液、甲醇、无菌水、香柏油和二甲苯等。

2. 菌种

(1)枯草芽孢杆菌、球状芽孢杆菌 1～2 d 牛肉膏蛋白胨琼脂斜面培养物,用于细菌的芽孢染色。

(2)褐球固氮菌 2 d 无氮培养基琼脂斜面培养物,用于荚膜染色。

(3)普通变形杆菌 14～18 h 牛肉膏蛋白胨半固体平板培养物,用于鞭毛染色。

3. 仪器和用具

(1)仪器:显微镜。

(2)用具:酒精灯、载玻片、盖玻片、接种环、镊子、试管、滴管、擦镜纸等。

四、实验步骤

(一)细菌的芽孢染色(Schaeffer-Fulton 氏染色法)

1. 制片

(1)用接种环分别挑取枯草芽孢杆菌和球状芽孢杆菌的琼脂斜面培养物。

(2)按常规方法进行涂片、干燥和固定。

2. 加热染色

(1)滴加数滴 5%孔雀绿水溶液覆盖载玻片上的涂菌部位,混合均匀。

(2)将载玻片在微火上加热至冒蒸汽,并维持 5 min;加热期间需及时补充染液,切勿让涂片干涸。

3. 脱色

待载玻片自然冷却后,用缓流自来水冲洗载玻片背面,至流出水无色。

4. 复染与水洗

(1)复染:用 5%番红水溶液复染 2 min。

(2)水洗:用缓流自来水冲洗载玻片背面,至流出液无色。

5. 镜检

将玻片标本晾干后,用油镜观察并记录芽孢与菌体的染色状况,以及芽孢的位置。

(二)细菌的荚膜染色

Ⅰ. 负染法

1. 制片

(1)载片准备:取一张载玻片,用乙醇清洗去除油污。

(2)涂片:在载玻片的一端滴 1 滴 6%葡萄糖水溶液,取少量的细菌涂抹于其中混匀;再用接种环取一环绘图墨水置于其中,充分混匀。

(3)推片:另取一张载玻片作为推片,将推片一端与混合液接触,先轻轻左右移动使混合液在推片上均匀散开,再以约 30°角迅速向载玻片另一端推进,使混合液在载玻片上铺成薄膜(图 7-1)。

2. 固定和染色

(1)固定:将玻片标本在室温下自然干燥后,滴加甲醇覆盖载玻片上细菌的涂抹区,固定 1 min,倾去甲醇。

(2)染色:待玻片标本自然干燥,滴加 1%甲基紫水溶液,染色 1～2 min;再用自来水缓流冲洗,至流出液无色。

(a)取培养物与黑色染色液混合　　(b)取另一载玻片将混合物推至载玻片一边

(c)用载玻片将混合物推匀　　(d)推成一边厚一边薄

图 7-1　荚膜的负染法制片

3. 镜检

(1)用吸水纸吸干残留的液体,在室温下自然干燥。

(2)用高倍镜观察并记录菌体与荚膜的染色状况。

Ⅱ. Anthony 氏染色法

1. 制片

(1)按常规方法取菌,制作涂片。

(2)固定:将涂片在室温下自然干燥。

2. 染色与脱色

(1)染色:滴加 1%结晶紫水溶液覆盖涂菌区域,染色 2 min。

(2)脱色:倾去结晶紫染液,用 20%硫酸铜水溶液冲洗,至流出液无色。

3. 镜检

(1)用吸水纸吸干残留的液体,在室温下自然干燥。

(2)用高倍镜或油镜观察并记录菌体与荚膜的染色状况。

(三)细菌的鞭毛染色

Ⅰ. 硝酸银染色法

1. 载玻片准备

(1)将载玻片置于含洗衣粉或洗涤剂的水中煮沸 20 min,再用清水充分清洗。

(2)再用 95%乙醇溶液浸泡,使用时取片在火焰上焚烧,去除乙醇和可能残留的油污。

2. 菌液准备

(1)用接种环在待测细菌的半固体平板上挑取数环菌落边缘的菌体,悬浮于 1~2 ml 无菌水中,制成轻度浑浊的菌悬液,不能剧烈振荡。

(2)将菌悬液置于恒温箱中,37 ℃静置 10 min,使幼龄菌的鞭毛逐渐松展。

3. 制片

(1)挑取数环菌悬液于洁净的载玻片一端,倾斜载玻片,使菌悬液缓慢流向另一端。

(2)用吸水纸吸去多余的菌悬液,涂片在空气中自然干燥。

4. 染色

(1)滴加硝酸银染液 A 液覆盖菌面,染色 3～5 min,用蒸馏水充分洗去 A 液。

(2)用硝酸银染液 B 液洗去残留的水分,再滴加 B 液覆盖菌面 0.5～1 min,期间可用微火加热,当菌面出现明显的褐色时,用蒸馏水冲洗,自然干燥。

5. 镜检

用油镜观察并记录鞭毛的形态、数量及其着生位置。

Ⅱ. Leifson 氏染色法

1. 载玻片准备、菌液制备及制片方法同硝酸银染色法。

2. 划区:用记号笔将载玻片反面划分为 4 个区域。

3. 染色

(1)滴加 Leifson 氏染液覆盖第一区菌面,间隔 3～5 min 后滴加染液覆盖第二区菌面,同法滴加染液至第四区菌面;间隔时间须依据实验摸索,以确定最佳染色时间,一般染色需时约为 10 min。

(2)染色过程中需要仔细观察,当载玻片出现铁锈色沉淀,染料表面出现金色膜时,用蒸馏水缓慢冲洗,自然干燥。

4. 镜检

用油镜观察并记录鞭毛的数量及其着生位置。

五、实验报告

1. 实验结果

(1)将两种芽孢杆菌芽孢染色结果记录于表 7-1 中,并说明芽孢的形态特征,包括芽孢的大小和着生位置等,可用简图表示。

表 7-1　细菌的芽孢染色及结果

菌种	染色状况		芽孢的形态	
	芽孢	菌体	大小	着生位置
枯草芽孢杆菌				
球状芽孢杆菌				

(2)将褐球固氮菌荚膜染色的结果记录于表 7-2 中,并说明荚膜的形态及其特征。

(3)将普通变形杆菌鞭毛染色的结果记录于表 7-3 中,并说明鞭毛的形态特征,包括鞭毛的数量和着生位置等,可用简图表示。

表 7-2　细菌的荚膜染色及结果

染色法	染色状况		荚膜的形态
	菌体	荚膜	
负染法			
Anthony 氏染色法			

表 7-3　细菌的鞭毛染色及结果

染色法	染色状况		鞭毛的形态
	菌体	鞭毛	
硝酸银染色法			
Leifson 氏染色法			

2. 思考题

(1)为什么芽孢染色时需要加热,染色后须待玻片冷却再用水冲洗?

(2)用绘图墨水对芽孢杆菌染色,为何菌体着色而包裹菌体的荚膜不着色?

(3)用于鞭毛染色的菌种,为何需要在半固体斜面上连续转接 2 代?

六、注意事项

1. 实验结束后须认真洗手,因为具有芽孢、荚膜和鞭毛的细菌往往是致病菌。

2. 必须选用合适菌龄的菌种,芽孢染色以成熟期的细菌为宜,幼龄菌尚未形成芽孢,老龄菌的芽孢囊已破裂;鞭毛染色以活跃生长期的细菌为宜,老龄菌鞭毛易脱落。

3. 在负染法中,载玻片必须干净无油汁,以免影响混合液铺开;绘图墨水的用量不能太多,以免完全覆盖菌体与荚膜,难以分辨。

4. 在荚膜染色时,制片过程所涉及的固定与干燥均不能用加热,也不能用电吹风热风吹干。因为荚膜含水量很高,加热会使其失水变形;同时,加热会使菌体失水收缩,与外围的染料脱离而形成一个透明的区域,被误认为是荚膜。

5. 在鞭毛染色前,应将所用的菌种接种到新鲜的培养基斜面上,且培养基表面湿润,其基部含有冷凝水,以增强细菌的活动力;制备菌悬液的菌体应来自于斜面与冷凝水的交接处。

6. 细菌鞭毛极细,制片与染色过程的操作要温和,不能剧烈振荡、涂抹菌液,也不能用加热法固定,否则鞭毛易脱落。

实验 8　革兰氏染色法

一、目的要求

1. 学习并掌握革兰氏染色法的原理、操作流程及其关键步骤。

2. 熟悉常见细菌的革兰氏染色结果。

二、实验原理

革兰氏染色(Gram stain)是细菌学中一个重要的鉴别染色法,依据该染色法的结果,细菌可分为革兰氏阳性(G^+)和革兰氏阴性(G^-)两类。

革兰氏染色是一种复合染色法,其原理是利用两类细菌细胞壁组成成分和结构的差异而呈现不同的染色结果。革兰氏染色的常规程序包括结晶紫初染、碘液媒染、乙醇脱色和番红复染,共 4 个环节(图 8-1)。革兰氏阳性菌(G^+)的细胞壁肽聚糖层较厚,交联形成的网状结构致密,染料进入相对较难,但进入后脱色更难;用草酸铵结晶紫初染,所有细菌都染成蓝紫色,再经碘液媒染后,形成碘-结晶紫复合物,增强了染料在菌体中的滞留能力,即使用95％乙醇溶液也难以洗脱,自然不能再粘着复染剂,最终呈现初染液的颜色(蓝紫色)。革兰氏阴性菌(G^-)的肽聚糖层较薄,网状结构交联少,且类脂含量高,用乙醇脱色时,类脂被溶

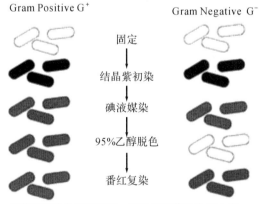

据革兰氏染色反应不同,可以把细菌分为两大类:
－　革兰氏阳性菌 G^+
－　革兰氏阴性菌 G^-

图 8-1　常规革兰氏染色法的流程及其结果

解,细胞壁孔径变大,通透性增加,原先滞留在细胞壁中的碘-结晶紫复合物很容易被洗脱,菌体变为无色,在再次染色时自然粘着复染剂番红,呈现红色(图8-1)。

三、实验器材

1. 染液和试剂

(1)染液:草酸铵结晶紫染液、卢戈氏(Lugol)碘液和番红复染液。

(2)试剂:95％乙醇、无菌生理盐水、香柏油和二甲苯等。

2. 菌种

(1)大肠杆菌16～18 h牛肉膏蛋白胨琼脂斜面培养物。

(2)金黄色葡萄球菌16～18 h牛肉膏蛋白胨琼脂斜面培养物。

3. 仪器和用具

(1)仪器:普通显微镜。

(2)用具:酒精灯、载玻片、接种环、镊子、滴管和擦镜纸等。

四、实验步骤

1. 涂片制作

(1)常规涂片:取活跃生长期的待测细菌,按常规方法制作涂片、干燥和固定。

(2)三区涂片:在载玻片的左右端各加1滴水,用无菌接种环挑取少量金黄色葡萄球菌置于左边水滴中,充分混匀成仅有金黄色葡萄球菌的区域,并将少量菌液延伸至玻片中央;再用无菌接种环挑取少量大肠杆菌置于右边水滴中,充分混匀成仅有大肠杆菌的区域,并将少量菌液延伸至玻片中央,使中央成为两种菌的混合区(图8-2)。

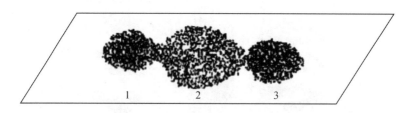

图8-2　三区涂片法示意图(1. 金黄色葡萄球菌区　2. 两菌混合区　3. 大肠杆菌区)

2. 初染

(1)滴加1～2滴草酸铵结晶紫染液,覆盖载玻片的涂菌区,染色1～2 min,期间也可用微火加热助染。

(2)倾去染液,自来水细流冲洗背面,至流出水无色,自然干燥。

3. 媒染

(1)先用卢戈氏碘液冲洗,去除残留水迹。

(2)再将碘液滴加到载玻片上的涂菌区,覆盖 1 min,倾去碘液,流水冲洗载玻片的背面,至流出水无色为止。

4. 脱色

(1)用吸水纸吸去玻片上的残留水,再将载玻片倾斜 45°左右,并在载玻片的背面垫一张白纸作为衬托。

(2)在涂菌区上方滴加 95％乙醇溶液,让乙醇流过涂菌区,直至流出的乙醇无色,再用水洗去残留的乙醇。

5. 复染

(1)用吸水纸吸去载玻片上残留的水,滴加番红复染液覆盖玻片的涂菌区,染色 2 min。

(2)自来水冲洗,吸取残水,自然干燥。

6. 镜检

用油镜观察菌体的着色状况,记录颜色结果。

五、实验报告

1. 实验结果

(1)将大肠杆菌、金黄色葡萄球菌的革兰氏染色结果填入表 8-1 中。

表 8-1　细菌的革兰氏染色结果

菌种	菌体着色	染色反应
大肠杆菌		
金黄色葡萄球菌		

(2)绘制油镜下观察到的混菌区菌体图像。

2. 思考题

(1)革兰氏染色所用的菌种,其菌龄为何宜为 16～18 h?

(2)在革兰氏染色时通常会出现假阳性和假阴性,简要说明它们的消除措施。

(3)常规的革兰氏染色法要经历 4 个步骤,若不经过复染,能否区别 G^+ 与 G^-?

(4)在涂片干燥后还须经固定以杀死细菌,这与自然死亡的细菌进行染色有何区别?

(5)常规的革兰氏染色程序有无改进的措施?

六、注意事项

1. 必须选择活跃生长期的细菌进行染色,通常以培养 16～18 h 为宜;对培养时间过长的老龄菌,由于菌体死亡或自溶等,使阳性菌也显示阴性反应,呈现假阴性现象。

2. 制成的涂片必须是均匀的一薄层,切忌涂片过厚,以免乙醇脱色不充分而呈现假阳性现象。

3. 乙醇脱色是革兰氏染色的关键步骤。若脱色过度,阳性菌会呈现阴性反应;而脱色不充分,阴性菌也会呈现阳性反应。由于影响脱色的因素很多,除了涂片的厚薄外,还有脱色时玻片的倾斜度、乙醇的用量和乙醇的滴加速度等,难以严格规定;一般可用已知的革兰氏阳性菌和阴性菌做预练习,以便掌握脱色过程的滴液速度与滴液量。

七、知识窗

1. Gram 与革兰氏染色

革兰氏染色是以丹麦医生 Hans Christian Joachim Gram(1853—1938 年)的名字命名的一种染色方法。1884 年,Gram 在对死于肺炎患者的肺部组织进行检查时发现某些细菌对特定的染料具有很高的亲和力。他的染色程序是:先采用苯胺-结晶紫初染,再用卢戈氏碘液媒染,最后用乙醇脱色。结果是肺炎双球菌保持蓝紫色,而肺部组织为浅黄色,可将细菌与被感染的肺部组织加以区分。随后,德国病理学家 Carl Weigert(1845—1904 年)在革兰氏染色步骤的基础上,又增加了番红复染,使之成为微生物学研究最常用的染色方法之一。基于革兰氏染色的脱色较难控制,易产生假阳性或假阴性;1996 年,我国学者黄元桐等创立了革兰氏染色三步法,将脱色与复染合二为一,具有操作简便、结果可靠等优点。

2. 革兰氏染色的意义

革兰氏染色不仅有利于观察细菌的形态,还可将细菌明确区分为两类,以促进细菌细胞壁理化性质及其分子结构的研究。其主要意义如下:(1)鉴别细菌,有利于疾病的诊断;如肺炎双球菌、炭疽杆菌、白喉杆菌等为阳性菌,而绿脓杆菌、霍乱弧菌等为阴性菌。(2)在临床治疗上,可作为选择药物的参考;因为两类细菌的抗菌谱不相同,大多数革兰氏阳性菌对青霉素敏感,而阴性菌对青霉素不敏感,对链霉素、氯霉素等敏感。(3)与致病性有关。革兰氏阳性菌能产生外毒素,阴性菌能产生内毒素,它们的致病作用不相同。

实验9　藻类的形态观察

一、目的要求

1. 了解藻类在自然界的分布,学习藻类的制片与观察方法。

2. 熟悉藻类的形态特征,并能区分几种常见的藻类。

二、实验原理

藻类是一类真核低等植物,广泛存在于各种水域和湿润土壤表面,在水库、池塘和海水,以及潮湿的岩石、树皮和墙壁上均可采集到。藻类的形态多种多样,有单个球状的,有球状排列成链或堆成团,有丝状体及其他形态。

藻类分类的主要依据是色素体构造、淀粉核有无及位置、游动孢子的鞭毛、眼点与收缩泡有无等;这些构造出现在藻类的不同发育阶段,在自然采集的样品中较难辨认。要准确地识别藻类需用纯培养体,且能观察其生活史的全过程。几种常见藻类的形态构造如下:

1. 衣藻(*Chlamydomonas*):单细胞,呈梨形,前端生有 2 根等长的鞭毛,能运动;细胞前端有红色眼点,旁边有 1 个伸缩泡。细胞后端有杯状叶绿体,体内有淀粉核。

2. 小球藻(*Chlorella*):单细胞,球形,常以 2～4 个同形细胞联成群体,具有带淀粉核的杯状叶绿体;借不动孢子繁殖。

3. 硅藻(*Diatom*):单细胞,长方盒形,细胞壁由 2 个藻瓣对半盖合而成,瓣面上有各种纹饰;胞内具有 1 个细胞核和多个色素体、脂肪粒。

三、实验器材

1. 试剂:卢戈氏(Lugol)碘液。

2. 藻类样品:采集自然界各种水域的试样。

3. 仪器和用具

(1)仪器:普通显微镜。

(2)用具:载玻片、盖玻片、接种环、解剖针、镊子、滴管和擦镜纸等。

四、实验步骤

1. 制片

(1)用滴管吸取水样,加 1 滴于洁净的载玻片中央,滴加 1 滴碘液,盖上盖玻片,切勿产生气泡。

(2)用吸水纸吸去盖玻片周围多余的水分。

2. 镜检

(1)在低倍镜下,观察水样中的藻类数量及其形态。

(2)在高倍镜下,观察藻类细胞的内部结构。

五、实验报告

1. 实验结果

(1)观察水样中的藻类形态,绘制它们的形态构造图。

(2)记录所观察水样中藻类的种类与数量,并查阅检索表加以识别。

2. 思考题

(1)单细胞藻类也称浮游生物,如何采集水样观察?

(2)简要说明水体中藻类观察的意义。

六、注意事项

1. 在盖上盖玻片时,载玻片上的水样和染液要适量,且盖玻片要先倾斜、后逐步转为水平,以免产生气泡。

2. 在观察多细胞藻类时,不能只取表层水样制片,且载玻片宜用凹玻片。

实验 10　活性污泥中原生动物和微型后生动物的观察

一、目的要求

1. 了解活性污泥中原生动物和微型后生动物的种类与数量。

2. 区分活性污泥中常见的原生动物和微型后生动物,并根据它们的数量判断活性污泥法处理废水系统的运行状况。

二、实验原理

活性污泥法(activated sludge process)是废水生物处理的一种常规方法,污泥中微生物的生长、繁殖、代谢活动,以及微生物之间的演替可直接反映处理系统运行的状况。因此,可通过污泥中微生物种类和数量的测定来判断废水处理系统的运行状况,以便能及时地发现问题,采取相应的措施,提高废水生物处理的效果。

在处理生活污水的活性污泥中,存在着大量的原生动物和一些后生动物,其重量约占污泥总量的 5%～10%。污泥中的有些动物可以通过体表吸收可溶性有机物,并将其分解利用;有些可吞噬废水中细小的有机颗粒或游离细菌,将其消化吸收。

原生动物和微型后生动物的体形相对较大,在显微镜下比较容易将它们区分开来。基于这些动物的营养特性与水体的净化程度之间有一定的关联,在污泥培菌初期可观察到大量的鞭毛虫和变形虫;在系统正常运行期,固着型纤毛虫占优势,还有匍匐型纤毛虫,以及轮虫和线虫等微型后生动物。因此,这些微型动物具有指示作用,可作为活性污泥废水处理系统的指示生物。

三、实验器材

1. 材料

采集处理生活污水或化工污水的活性污泥样品。

2. 仪器和用具

(1)仪器:普通显微镜(有解剖镜)。

(2)用具:载玻片、盖玻片、滴管、烧杯、镊子和擦镜纸等。

四、实验步骤

1. 制片

(1)取活性污泥 1 小滴,置于洁净的载玻片中央,盖上盖玻片,切勿产生气泡。

(2)用吸水纸吸去盖玻片周围溢出的水。

2. 镜检

(1)在低倍镜下,观察污泥中生物相的全貌、污泥絮状体的大小、污泥结构的松紧程度,以及微型动物的种类和活动状况。

(2)在高倍镜下,观察微型动物的外形及其内部结构,如钟虫内是否存在食物胞、纤毛的摆动情况等。

3. 微型动物的计数

(1)用微型动物计数板,在低倍镜下对微型动物进行分类并计数。

(2)若污泥中微型动物的数量很多,需要稀释后再计数和计算。

五、实验报告

1. 实验结果

(1)观察并统计污泥中微型动物的种类和数量。

(2)根据观察到的微型动物的优势种类,判断活性污泥处理系统的运行状况。

2. 思考题

(1)若活性污泥中微型动物种类和数量稀少,如何评价?

(2)简要说明活性污泥中微型动物观察的意义。

六、注意事项

1. 当污泥颗粒较大时,观察前需用解剖针轻轻压片,使之成为一薄层,以便于观察。

2. 有些游泳型原生动物的运动较快,观察时可用麻醉剂进行适度麻醉,但添加量不能太多,以免导致微型动物的形态发生改变。

七、知识窗

1. 活性污泥中的原生动物

原生动物是由一个细胞构成的,它们是活性污泥中最主要的捕食者,使细菌保持在对数生长期,以维持细菌降解污染物的活性并减少污泥生长量;在活性污泥中,原生动物的作用仅次于细菌。在运行良好的活性污泥中,纤毛虫是优势种,占原生动物总数的70%;还有鞭毛虫和变形虫等。在污泥中的原生动物主要有以下几类:

(1)植鞭毛虫类(Phytomastigina):借鞭毛运动,体内有色素,可进行光合作用。在处理生活污水的污泥中,有时可观察到眼虫(Euglena);在海洋中,引起赤潮的夜光虫(Notiluca)、裸甲腰鞭虫(Cymnodinium spp.)和沟腰鞭虫(Gonyaulax spp.)也属此类。由于长期生活在污泥中,光照条件较差,有些种类丧失了体内的色素,如杆囊虫等。

(2)动鞭毛虫类(Zoomastigina):体内不含色素,生长在有机质丰富的水域,营异养生活;借鞭毛运动,鞭毛数量少,每个体1~2根,运动时不协调,呈抖动或滑动。在培菌初期和处理效果较差时可大量出现;常见的种类有波多虫属(Bodo)和滴虫属等。

(3)变形虫类(Sarcodina):依靠形成伪足运动和捕食,细胞分为外质和内质。外质可流动,形成伪足向前运动,并可包围有机物颗粒而摄食。活性污泥中常见类型的有表壳虫(Arcella vulgaris)、蛞蝓变形虫(Amoeba limas)、大变形虫(A. proteus)和辐射变形虫(A. radiosa)等;与鞭毛虫类似,在培菌初期和处理效果较差时大量出现。

(4)游动型纤毛虫类(Swimming ciliates):借助排列在虫体周围的纤毛在污泥中自由游动,运动时节律性强,纤毛摆动极其协调,使其运动时前后、左右进退自如。在培菌初期常在游离细菌及鞭毛虫后大量出现;随着培菌的进行,生化需氧量(BOD)不断降低,游离细菌和鞭毛虫数量减少,这类纤毛虫也因食物短缺而减少。在正常运行期,数量较少;在污泥缺乏营养而老化、解絮,处理效果转差时,其数量增多。常见的类型有草履虫(Paramecium)、肾形虫(Colpoda)、豆形虫(Colpodium)、漫游虫(Lionolus)和裂口虫(Amphileptus)等。

(5)匍匐型纤毛虫类(Crawling ciliates):纤毛成束粘合成棘毛,排列在虫体的腹面支撑虫体,用以在污泥絮状体表面爬行或游动。以游离细菌或污泥碎屑为食,在污泥正常运行期有少量出现。在污泥中常见的有尖毛虫(Opisthotricha)、棘尾虫(Stylonychia)和游仆虫

(*Euplotes*)等。

(6)固着型纤毛虫类(Sessile ciliates):主要指钟虫类原生动物,在活性污泥中数量最多、最为常见。其虫体似倒挂的钟,前端有一个很多纤毛构成的纤毛带,呈螺旋状;纤毛带向一个方向波动使水形成漩涡,污水中的有机物小颗粒被水流集中沉积至"口"处进入体内,并形成食物胞,这种取食方式称为沉渣取食。钟虫体内具有较大的空泡——伸缩泡,依靠伸缩泡的收缩将吞入体内的多余水分不断排出体外,以维持体内的水分平衡。在正常情况下,伸缩泡定期收缩与舒张;但当水体中溶解氧浓度低于 1 mg/L 时,伸缩泡处于舒张状态不活动,以此可间接推测水体中溶解氧的含量。常见的类型有沟钟虫(*Vorticcella convllaria*)、大口钟虫(*V. campanula*)、小口钟虫(*V. microstoma*)、累枝虫(*Epistylis*)、盖纤虫(*Opercularia*)、独缩虫(*Carchesium*)、聚缩虫(*Zoothamnium*)和无柄钟虫(*Astylozoon pediculus*)等。

(7)吸管虫类(Suctoria):具有吸管,以柄固着于污泥絮粒上生活。游动型纤毛虫与吸管接触时会被粘住,进而被吸管注入的消化液所消化,消化后汁液也通过吸管被吮吸。可出现在污泥培养的后期,常见的种类有足吸管虫(*Podophrya*)、壳吸管虫(*Acineta*)和锤吸管虫(*Tokophrya*)等。

2. 活性污泥中的微型后生动物

后生动物由多个细胞构成,活性污泥中主要是轮虫,还有少量的线虫和颚体虫等。

(1)轮虫(*Rotifer*):前端有两个纤毛环,纤毛摆动时犹如滚动的轮子;两个纤毛环向相对方向拨动,形成向中间的水流,游离的细菌、有机物颗粒与污泥碎屑随着水流到两纤毛环之间的口部进入体内,这也是一种沉渣取食的方式。轮虫在系统正常运行时期、有机物含量较低、出水水质良好时才会出现;在处理系统的污泥龄较长、负荷较低,污泥老化、解絮时,轮虫大量增殖,1 ml 的数量可达上万个,这通常可作为污泥解絮的标志。常见的种类有玫瑰旋轮虫(*Philodina roseola*)和猪吻轮虫(*Dicranophorus*)。

(2)线虫(*Nemato*):身体长线形,0.25~2 mm,断面圆形,多小于 1 mm,活性污泥中出现的多数属于自由生活型;营养类型有腐食型、植食型和肉食型三类,可吞食细菌、蓝藻、绿藻、原生动物,以及细小的污泥絮粒,在膜生长较厚的生物膜处理系统中可能会大量出现,通常作为污水净化程度差的指示生物。

(3)寡毛虫:进化地位比轮虫和线虫高级,主要有颚体虫(*Aeolosoma*)、颤蚓(*Tubifex*)、水丝蚓(*Limnodrilus*),身体细长分节,每节两侧有刚毛,依靠刚毛爬行运动;在废水生物处理中出现的多为红斑颚体虫(*Aeolosoma hemprichii*),以腹面纤毛为捕食器官,营养杂食,主要食物为污泥中的细菌和有机碎屑,其蠕虫生长有助于污泥减量和改善污泥的沉降性能。

第3章　微生物的分离与纯化技术

在自然界,各种微生物混杂生活在一起,即便取很少量样品也是许多微生物共存的群体。要研究某种微生物的特性并将其用于生产实践,必须先得到其纯培养,使培养物中所有细胞只是微生物的某个种或株,即培养物中的所有细胞的来源相同,都是一个细胞的后代。

获得纯培养的方法很多,用显微操作仪挑取单个细胞培养,可直接获得纯培养;但该法需要精密仪器和娴熟的操作技术。通常采用稀释法,包括稀释涂布平板法、稀释混合平板法和平板画线法。这些方法不需要特殊的仪器设备,且操作简便,是普通实验室中分离和纯化微生物的常规方法。

培养基是人工配制的适合微生物生长繁殖或积累代谢产物的营养基质,用于培养和保存各种微生物。在自然界中,微生物的种类繁多,营养类型多样,再加上实验目的不尽相同,培养基的组分也不相同。通常,培养基包含水分、碳源、氮源、无机盐和生长因子等组分;且不同的微生物对 pH 的要求也不相同,细菌和放线菌一般用中性或微碱性的培养基,霉菌和酵母菌一般用偏酸的培养基。此外,配制好的培养基及其容器,实验操作的器械与工具等都含有各种微生物,均需要灭菌。

本章共安排 4 个实验,包括培养基的配制与灭菌、琼脂平板的制作,实验器具的消毒与灭菌,平板分离法和噬菌体的分离与纯化等内容,其核心内容是微生物的分离和纯化。

实验 11　培养基的配制与灭菌

一、目的要求

1. 学习并掌握培养基配制的原理和方法。
2. 通过几种培养基的配制,掌握培养基配制的基本程序与关键步骤。

二、实验原理

培养基是人工配制的适合于微生物生长的营养基质。培养基为微生物的生长提供能源、组成菌体的材料以及代谢活动的调节物质,还为保证微生物提供其他生存条件,如酸碱度、渗透压等。培养基种类繁多,按照营养成分的已知程度,可分为天然培养基、合成培养基和半合成培养基;按照培养基的物理状态,可分为固体培养基、半固体培养基和液体培养基;按照培养基的用途,可分为基础培养基、鉴别培养基和选择培养基。

通常,分离和培养细菌用牛肉膏蛋白胨培养基,其主要组分是化学成分复杂的自然物品,属于天然培养基。其中,牛肉膏为微生物的生长提供碳源、磷酸盐和维生素等,蛋白胨则主要提供氮源和维生素等,而 NaCl 为无机盐,主要是维持渗透压。

分离和培养放线菌常用高氏Ⅰ号培养基,其主要组分是化学成分已知的无机盐,属于合成培养基;若加入适量的抗生素或酚类,则可分离各类放线菌。在该培养基配制时,混合各种成分通常需要按照配方顺序依次溶解,因为有些无机盐间的相互作用会出现沉淀;同时,还需将其组分分成两组或多组,分别灭菌,使用时再按比例混合。另外,合成培养基需要添补微量元素,如 $FeSO_4 \cdot 7H_2O$ 的用量为 0.001%;在配置培养基前须先配制该元素的贮备液,以便在配置培养基时准确添加。

分离和培养霉菌常用马丁氏培养基,这是一种半合成培养基。其中,蛋白胨主要作为氮源并提供维生素等,葡萄糖为碳源,各种无机盐主要提供钾、磷和镁等元素。另外,孟加拉红和链霉素等成分能有效抑制细菌和放线菌的生长,对真菌生长无明显的影响;因而,添加了这些成分就成为分离真菌的选择培养基。

在微生物实验中,通常需要纯培养。纯培养的获得通常需要固体培养基,其成分与液体培养基相同,只是加入 1.5%～2% 的琼脂为凝固剂;同时,微生物的培养和保存不能有杂菌污染,所用的器具和培养基等均需严格灭菌(sterilization)。培养基的灭菌通常用高压蒸汽灭菌,在 0.1 MPa(相当于 15 lb/in^2 或 1.05 kg/cm^2)时,水蒸气的温度为 121.3 ℃,可杀死包括芽孢在内的全部微生物。

三、实验器材

1. **药品和试剂**

(1)药品:牛肉膏、蛋白胨、可溶性淀粉、葡萄糖、NaCl、KNO_3、$K_2HPO_4 \cdot 3H_2O$、KH_2PO_4、$MgSO_4 \cdot 7H_2O$、$FeSO_4 \cdot 7H_2O$。

(2)试剂:1% 孟加拉红水溶液和 1% 链霉素水溶液,1 mol/L NaOH 溶液和 1 mol/L HCl 溶液等。

2. **仪器和用具**

(1)仪器:天平、高压蒸汽灭菌锅和电热恒温培养箱。

(2)用具:角匙、称量纸、试管、三角烧瓶、烧杯、量筒、玻璃棒、pH 试纸(5.5～9.0)、棉花、牛皮纸、麻绳和纱布等。

四、实验步骤

(一)牛肉膏蛋白胨培养基的配制

1. 称量

按照培养基配方(见附录 3)依次称取牛肉膏、蛋白胨、NaCl 放入烧杯中。

(1)牛肉膏常用玻璃棒挑取,放在小烧杯或表面皿中称量,用热水溶化后倒入烧杯;也可用称量纸称取后直接放在水中,稍微加热可以使牛肉膏与称量纸分离,随后取出纸片。

(2)蛋白胨容易吸湿,称量时动作要迅速。

2. 溶化

(1)在烧杯中先加入适量的水(配制总量的 50% 左右),依次加入药品后用玻璃棒搅匀;然后,在石棉网上加热使其充分溶化,或在磁力搅拌器上加热溶解。

(2)待所有药品完全溶解后,补充水到所需的总体积。

在配制固体培养基时,一般是在一定量的液体培养基中加入 1.5%～2.0% 的琼脂;可直接添加到分装在三角瓶内的液体培养基中,不必加热融化,使融化与灭菌同步进行,节省时间。

3. 调 pH

(1)先用 pH 试纸测定培养基的原始 pH,若偏酸,用滴管逐滴加入 1 mol/L NaOH 溶液,边滴加边搅拌,并随时用试纸测其 pH,直至 pH 为 7.4～7.6;若偏碱,用 1 mol/L HCl 溶液调节 pH。

(2)有些微生物的培养基对酸碱度要求严格,调 pH 时则用酸度计测试。

4. 分装与包扎

(1)分装:按实验要求,将配制好的培养基分装到试管或三角瓶内。

(2)包扎:在试管口或三角瓶口上加棉塞(或用泡沫塑料塞与试管帽);再在试管或三角瓶口外包 1 层牛皮纸,用麻绳缠绕 3 圈再以活扣捆扎。

5. 灭菌与无菌检查

(1)灭菌:将培养基等物品放入高压灭菌锅,在 0.1 MPa、121.3 ℃ 条件下灭菌 20～30 min。

(2)无菌检查:将已灭菌的培养基置于培养箱内,在 37 ℃ 恒温培养 24～48 h,以检查灭菌是否彻底。

(二)高氏Ⅰ号培养基的配制

1. 称量与溶化

(1)按照培养基配方(见附录 3)先称取可溶性淀粉,放入小烧杯中,并用少量冷水将其调成糊状,再加入适量的沸水,继续加热使其完全溶化。

(2)再依次称取其他各成分,逐个溶化。对微量成分 $FeSO_4 \cdot 7H_2O$ 可先配制较高浓度的贮备液,再按比例加入。具体操作是先在 100 ml 水中加入 1 g $FeSO_4 \cdot 7H_2O$,配制成 0.01 g/ml 的贮备液;再在 1000 ml 培养基中加入 1 ml 的贮备液。

2. 调 pH、分装、包扎、灭菌与无菌检查

其操作与牛肉膏蛋白胨培养基的相同。

(三)马丁氏培养基的配制

1. 称量与溶化

(1)在烧杯中先加入适量的水(配制总量的 50% 左右),再按照培养基配方(见附录 3)准确称取各成分,并依次逐个溶化。

(2)所有成分完全溶化后,补充水分至所需的体积。

(3)再加孟加拉红:1000 ml 培养基中加 1% 孟加拉红水溶液 3.3 ml。

2. 分装、包扎、灭菌与无菌检查

其操作同上。

3. 加链霉素

临用时添加,100 ml 培养基中加 1% 链霉素水溶液 0.3 ml,其最终质量浓度为 30 μg/ml。

五、实验报告

1. 实验结果

完成 3 种培养基的配制,并总结配制的基本流程。

2. 思考题

(1)试说明细菌、放线菌和霉菌培养基的异同。

(2)在配制好培养基后,为何还需要进行灭菌及灭菌后的无菌检查?

六、注意事项

1. 在培养基分装时,不要使培养基沾在管口(或瓶口)上,以免玷污棉塞而引起污染。

2. 称量时要严格防止药品的混杂,角匙和称量纸等使用后,要洗净、擦干后再使用;每种药品的瓶盖要及时盖好,以免盖错。

3. 调 pH 时尽可能不要过头,以免反复回调而影响培养基内各离子的比例。

4. 对于低 pH 琼脂培养基的配制,若预先调好 pH 并进行高压蒸汽灭菌,琼脂就会水解而不能凝固。因此,需将培养基成分与琼脂分开灭菌后再混合,或在中性 pH 条件下先灭菌,再调 pH。

5. 链霉素对热敏感,易受热分解,须待溶化的培养基降温至 45～50 ℃时方可添加。

实验 12　消毒与灭菌

一、目的要求

1. 学习并掌握干热灭菌的原理、操作方法及其应用范畴。
2. 学习并掌握高压蒸汽灭菌的原理、操作要领及其应用范畴。

二、实验原理

在微生物的培养与保藏中,不能有杂菌的污染,所用的器具和培养基等均需严格消毒(disinfection)与灭菌(sterilization)。消毒一般是指消灭物体表面的致病微生物;而灭菌是指杀灭物体表面所有微生物的营养体,包括芽孢和孢子。

灭菌通常分为干热灭菌和湿热灭菌。干热灭菌是利用高温使细胞内的蛋白质凝固、变性而杀灭细菌,包括热空气灭菌和火焰焚烧灭菌两种。热空气灭菌是利用电热干燥箱内的干热空气进行灭菌,此法适合于玻璃器皿如培养皿、试管和滴管等的灭菌;通常是在 160～170 ℃恒温条件下维持 1～2 h,但温度不能超过 180 ℃,以避免棉塞和包扎容器的纸等烧焦,甚至引起燃烧。火焰焚烧灭菌适合于接种针、接种环和镊子等用具的灭菌,试管口和三角瓶口也可在火焰上短暂灼烧灭菌。

湿热灭菌是利用湿热蒸汽的穿透力杀死细菌,包括煮沸灭菌和高压蒸汽灭菌。培养基的灭菌通常用高压蒸汽灭菌,在 0.1 MPa(相当于 15 lb/in² 或 1.05 kg/cm²)时,水蒸气的温度为 121.3 ℃,维持 20～30 min 可杀死包括芽孢在内的全部微生物;但如果蒸气中含有空气(常被称为冷空气),在此压强下蒸汽的温度达不到 121.3 ℃(表 12-1)。因此,灭菌时必须排除压力锅内的冷空气,以保障高压蒸汽的高温及其杀菌效果。

实验室所用的手动高压蒸汽灭菌锅有卧式和手提式(图 12-1 左)两种,其工作流程包括加水、装锅、加热升温、排冷空气、保温保压(灭菌)、出锅等环节,其中排冷空气和保温保压需要人为控制;还有自控高压蒸汽灭菌锅(图 12-1 右),其工作流程与手动型相同,但装锅后只需设置灭菌温度和灭菌时间,按下启动键即可。

表 12-1　不同分量空气时压力与温度的关系

压力表读数			排除全部空气时	排除 1/2 空气时	未排除空气时
MPa	kg/cm²	lb/in²	温度/℃	温度/℃	温度/℃
0.03	0.35	5	108.8	94	72
0.05	0.50	6	110.0	98	75
0.06	0.59	8	112.6	100	81
0.07	0.70	10	115.2	105	90
0.09	0.88	12	117.6	107	93
0.10	1.05	15	121.3	112	100
0.14	1.41	20	126.2	118	109
0.17	1.75	25	130.0	124	115
0.21	2.11	30	134.6	128	121

图 12-1　电热高压蒸汽灭菌锅

三、实验器材

1. 培养基

牛肉膏蛋白胨培养基、高氏Ⅰ号培养基和马丁氏培养基。

2. 仪器和用具

(1)仪器:电热干燥箱、高压蒸汽灭菌锅和电热恒温培养箱。

(2)用具:培养皿(6套1包)、试管、移液管、三角烧瓶、烧杯、棉塞、牛皮纸、麻绳和纱布等。

四、实验步骤

(一)干热灭菌——热空气灭菌

1. 包装

待灭菌的各种器皿均需要按一定规范包装。

(1)培养皿一般6套按相同方向叠加后,再外包牛皮纸。

(2)试管在加棉塞后,若干个汇聚一起外包牛皮纸再用麻绳捆扎。

(3)移液管的尖端为单独包裹,用普通报纸缠绕约2周,其钝端则需塞上适量的棉絮,若干个一起外包牛皮纸再用麻绳捆扎。

2. 加样和灭菌

(1)加样:将包好的物品叠放到电热干燥箱内,关闭箱门。

(2)灭菌:接通电源,按下调节按钮,将温度设置为160~170 ℃,再将按钮拨到测量部位,待电热干燥箱内达到预定温度后维持1~2 h。

3. 降温和取物

(1)灭菌结束后,切断电源,自然降温。

(2)待干燥箱内温度降至70 ℃以下时,就可打开箱门,取出灭菌物品。

(二)高压蒸汽灭菌

1. 加水与加样

(1)加水:将内层锅取出,向外层锅内加入适量的水,以水面与三角搁架相平为宜;加水后放回内层锅。

(2)加样:将待灭菌物品叠放于桶内。注意桶内叠放的物品数量不要太多,以免妨碍锅内蒸汽流通而影响灭菌效果;三角瓶与试管的口不能与桶壁接触,以免冷凝水淋湿包装纸而渗入棉塞。

2. 排气与灭菌

(1)排冷空气:加样后盖上锅盖,旋紧螺栓;开启加热装置,当锅内压强接近于0.03 MPa(5 lb/in²)时,打开排气阀,排除锅内的冷空气至压强为0,再重复上述操作1次。

(2)灭菌:继续加热,当压强为0.1 MPa时,维持20~30 min。

如果用自动压力锅,则只需设置灭菌条件:压强0.1 MPa、灭菌时间20~30 min。

3. 取样与无菌检查

(1)取样:在灭菌结束后,关闭加热装置,让灭菌锅内温度自然下降,至压强为0时,打开排气阀,旋松螺栓,开启锅盖,取出灭菌物品。

(2)无菌检查:将已灭菌的培养基置于恒温箱,37 ℃培养 24～48 h,检查有无细菌生长。

五、实验报告

1. 实验结果

(1)按实验要求完成相关物品的包装和灭菌。

(2)检查培养基高压蒸汽灭菌的效果。

2. 思考题

(1)简要总结干热灭菌的适用范围及其所需注意的环节。

(2)试说明高压蒸汽灭菌的操作要领及其优缺点。

六、注意事项

1. 电热干燥箱内的物品不能叠放太多,以免妨碍空气流通;也不能接触内壁的铁板,以防包装纸烤焦起火。

2. 电热干燥箱内温度须降至 70 ℃以下,方可打开箱门取物,以免剧烈降温而导致玻璃器皿炸裂。

3. 高压蒸汽灭菌的杀菌要素是温度而不是压力,灭菌时压力锅内的冷空气必须完全排除,否则,压力锅内达不到预期的温度,影响灭菌效果。

4. 在排除冷空气和灭菌完毕后,需要打开排气阀放气,此时灭菌锅内的压强不能超过 0.03 MPa(5 lb/in²),以免锅内压力急剧下降,导致棉塞及培养基冲出瓶口。

实验 13　细菌的纯培养方法——平板分离法

一、目的要求

1. 学习并掌握平板分离法的基本原理和操作要领。

2. 熟悉细菌纯培养的检测方法。

二、实验原理

纯培养是指在固体平板上由单个细胞形成的群落或菌落。在自然界,微生物都是混杂的群体。目前,实验室中常用平板分离法以获得纯培养;但待测样品很难完全分散成单个细胞,在固体平板上形成的菌落也可能来自于两个或多个细胞。因此,要确认平板上菌落是否属于单菌落或纯培养,还需要通过菌落以及个体的形态观察等加以鉴别。

平板分离法主要有稀释涂布分离法和平板画线分离法。稀释涂布分离法是将混杂的菌样经充分稀释后,将稀释的菌液涂布到固体平板上,使单个细胞也可能形成菌落,以获得纯培养;平板画线分离法是将稀释的菌液或经初步分离的固体培养物,在固体平板上画线和培养,以获得由单个细胞形成的菌落。

土壤是微生物生存的大本营,所含微生物的数量和种类都是极为丰富的。因此,土壤是发掘微生物资源的重要基地,从土壤中分离和纯化微生物,可获得许多有开发价值的菌株。

三、实验器材

1. 培养基

牛肉膏蛋白胨液体培养基和固体培养基。

2. 仪器与用具

(1)仪器:电热恒温培养箱、天平和电炉。

(2)用具:无菌水、无菌培养皿(6套1包)、无菌试管、三角烧瓶和移液管、烧杯、玻璃涂棒和接种环等。

四、实验步骤

(一)稀释涂布分离法

1. 倒平板

(1)取无菌的培养皿若干,逐个倒入已灭菌过、温度降至 $45\sim50\ ℃$ 的琼脂培养基,每个平皿约 $15\sim20\ ml$。

(2)轻轻摇匀后水平放置,自然冷却后凝固为平板。

倒平板操作必须在酒精灯的火焰旁边完成,其具体操作(图 13-1)如下:

①右手持盛培养基的三角瓶,左手将瓶塞拔出;②将瓶口和棉塞过火焰焚烧灭菌,棉塞用右手的小指与无名指夹住(若培养基是一次性用完,棉塞不必用手指夹住);③左手持培养皿,且将皿盖在火焰旁打开一条细缝,迅速倒入适量的($15\sim20\ ml$)培养基,加盖后轻轻摇匀,使培养基均匀地分布在平皿底部;④将平皿水平放置,待冷却凝固后,水平倒置。

2. 制备土壤稀释液(图 13-2)

(1)取土样 $10\ g$,放入盛 $90\ ml$ 无菌水和有玻璃珠的三角烧瓶中,振摇约 $20\ min$,使土样与水充分混合,制成 10^{-1} 的土壤稀释液。

(2)取 10^{-1} 稀释液 $1.0\ ml$,加到盛有 $9\ ml$ 无菌水的试管中,摇匀可得 10^{-2} 的土壤稀

倒平板操作

1. 将灭过菌的培养皿放在火焰旁的桌面上,右手拿装有培养基的锥形瓶,左手拔出棉塞。

2. 右手拿锥形瓶,使瓶口迅速通过火焰。

3. 用左手的拇指和食指将培养皿打开一条稍大于瓶口的缝隙,右手将锥形瓶中的培养基(约10~20ml)倒入培养皿,左手立即盖上培养皿的皿盖。

4. 等待平板冷却凝固,大约需5~10min。然后,将平板倒过来放置,使皿盖在下、皿底在上。

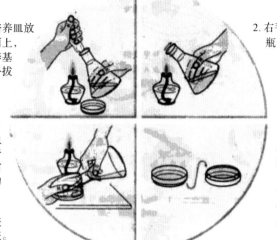

图 13-1　倒平板操作流程与要领

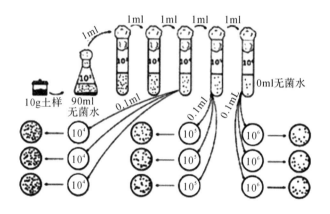

图 13-2　土壤稀释液的制备流程

释液。

(3)同法,依次完成 10^{-3} 至 10^{-6} 土壤稀释液的制备。

3. 涂平板

(1)取固体平板 9 个,用记号笔在培养皿底部或皿盖边上做标记,分别是 10^{-4}、10^{-5} 和 10^{-6},每个稀释度 3 皿。

(2)用无菌吸管取相应的土壤稀释液 0.1 ml,加到琼脂平板的中央,再用无菌玻璃涂棒迅速将其涂开(图 13-3)。涂棒在培养基表面要轻轻涂布,方向要不断改换,且涂棒要到达平板的每个区域,以保障土壤稀释液在平板表面的均匀分布。

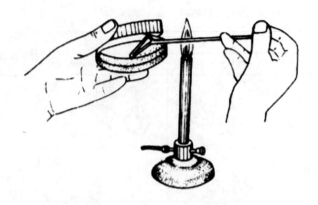

图 13-3　平板涂布操作示意图

4. 培养与检测

(1)涂布完成后,将平板正面朝上放置约 2 h。

(2)再将平板倒置,37 ℃恒温培养 1~2 d。

(3)观察单个菌落的形态,并挑取少许菌苔,用涂片法检查其细胞的一致性。

(二)平板画线分离法

1. 倒平板

操作流程与稀释涂布分离法相同。

2. 画线与培养

(1)画线:在近火焰处进行,左手拿皿底,右手拿接种环,取上述 10^{-1} 的土壤悬液中取一环,在平板上画线(图 13-4)。

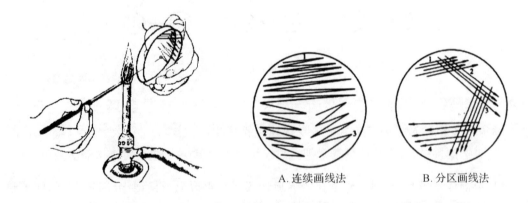

A. 连续画线法　　　　B. 分区画线法

图 13-4　平板画线法及其线路图

画线的目的是使样品在平板上实施稀释,经培养后能够形成单个菌落。画线的方式很多,常用的有连续画线法(图 13-4A)和分区画线法(图 13-4B),其中分区画线法需进行 3~5 次平行画线,再次画线时先平板转动约 70°,并将接种环用火焰焚烧去除其上的残余物,待冷却后实施穿越上次所划平行线的再画线。

（2）培养：画线完毕，盖上培养皿盖，倒置于培养箱内，37 ℃恒温培养 1～2 d。

用于画线分离的样本可以是低稀释度的土壤悬液或培养液，也可以是固体培养物。其中，用固体培养物相对更为普遍，其操作流程是：从固体平板或固体斜面上挑取少量的菌苔，再在固体平板上画线分离。

3．检测

（1）在画线平板的 3 或 4 区（图 13-4）选择独立分布的单菌落，观察菌落形态。

（2）从独立分布的单菌落中挑取少许菌苔，用涂片法检查细胞的一致性。

五、实验报告

1．实验结果

（1）检查你所做的涂布平板上有无较好的单菌落，并分析原因。

（2）检查和分析你所做的画线平板上的单菌落状况。

2．思考题

（1）涂布平板上的单个菌落是否属于纯培养？简要说明鉴别方法及其操作过程。

（2）试分析稀释涂布分离法和平板画线分离法的利弊。

六、注意事项

1．要获得单个细胞形成的菌落（或纯培养），土壤悬液的稀释度要适宜。涂布法宜采用 $10^{-6}～10^{-4}$ 的土壤悬液，画线法宜采用 10^{-1} 或 10^{-2} 的土壤悬液。

2．涂布平板所用的菌液量要少，一般以 0.1 ml 为宜。若量过多，菌液不易涂布开，难以形成单菌落；且涂布后平板表面会有残留液，其流动可能使邻近的单菌落连接而混杂。

3．涂布和画线必须在平板表面快速进行，且幅度要适中，切勿划破固体平板。操作完成后，涂棒与接种环需要在火焰上灼烧，以除去其上残留的菌体。

4．制作画线平板的培养基，琼脂含量宜稍高些（通常为 2％左右），以提高平板的硬度，避免平板表面被接种环划破。

5．用于画线的接种环，环柄的长度要适中，一般为 10 cm，以便于画线，又不受火焰的干扰；环口要十分圆滑，且画线时环口与平板间的夹角宜小些，可减小画线过程的阻力，以利于将线画细而获得更多的单菌落。

6．平板上的画线距离要适中，且画线的起始区域与终末区域之间的界限要分明，以利于获得单菌落。

实验 14　噬菌体的分离和纯化及噬菌体效价测定

一、目的要求

1. 学习并掌握噬菌体分离和纯化的基本原理和操作流程。
2. 观察噬菌斑的形态,学习噬菌体效价测定的基本原理与操作流程。

二、实验原理

噬菌体是专性寄生于原核生物(细菌和放线菌)细胞内的一类非细胞生物,它们不能进行代谢活动与增殖,只能在特定的细胞内复制。一种噬菌体通常只能感染一种或几种细菌,其分布取决于宿主细菌的分布。在自然界,凡有细菌的地方都有特异性噬菌体的存在。固然噬菌体对自然环境有一定的耐受力,能在自然环境中短期独立存活,但没有宿主细菌的地方噬菌体的数量很少。

噬菌体感染宿主细胞后,其 DNA 或 RNA 在细胞内复制、转录和表达,并装配成完整的噬菌体颗粒,最后裂解宿主细胞释放出噬菌体,或通过"挤出"方式从宿主细胞中释放。在液体培养基中,可使浑浊的菌悬液变为清亮;该特性可用于特定噬菌体的分离,在样品中加入敏感菌株与液体培养基,混合后培养,噬菌体能大量增殖、释放,使特定的噬菌体富集。在有宿主细胞生长的软琼脂平板上,噬菌体可裂解细菌或限制被感染细菌的生长,形成透明或浑浊的空斑,称为噬菌斑;一个噬菌体可形成一个噬菌斑,该特性可用于噬菌体的纯化及噬菌体效价的测定。检测噬菌斑常采用双层琼脂平板法,上层为软琼脂平板,其琼脂浓度很重要,过低时上层培养基滑动,影响培养与观察;过高时难以形成噬菌斑或不能形成噬菌斑。

噬菌体的效价是指 1 ml 培养液中所含噬菌体颗粒的数量。效价的测定常采用双层琼脂平板法,在含有特异性宿主细菌的软琼脂平板上形成肉眼可见的噬菌斑,可方便地进行噬菌体计数。但这种计数法的实际效率难以达到 100%,因为诸多因素影响噬菌斑的形成。一方面,由于宿主细胞被两个或两个以上的噬菌体复感染,有些噬菌斑并不是一个噬菌体所形成的;另一方面,有少数活噬菌体可能未感染宿主细胞。因此,以噬菌斑计数所得的数值往往偏低,不能代表样品中噬菌体颗粒的绝对数量,故通常用噬菌斑形成单位(pfu)表示。

三、实验器材

1. 材料

(1)菌种:大肠杆菌。

(2)噬菌体样品:阴沟污水。

2. 培养基

(1)3 倍浓缩的牛肉膏蛋白胨液体培养基和牛肉膏蛋白胨液体培养基。

(2)牛肉膏蛋白胨半固体培养基(倒上层平板用)。

(3)牛肉膏蛋白胨固体培养基(倒底层平板用)。

3. 仪器与用具

(1)仪器:电热恒温培养箱、无菌滤器(孔径 0.22 μm)、恒温水浴和真空泵等。

(2)用具:无菌水、无菌培养皿、无菌试管、三角烧瓶、烧杯、玻璃涂棒和接种环等。

四、实验步骤

1. 噬菌体的分离

(1)制备菌悬液:取 37 ℃恒温培养 18 h 的大肠杆菌斜面 1 支,加 4 ml 无菌水洗下菌苔,制成菌悬液。

(2)增殖培养:在 100 ml 3 倍浓缩的牛肉膏蛋白胨液体培养基的三角烧瓶中,加入污水样品 200 ml 和大肠杆菌悬液 2 ml,37 ℃恒温培养 12～24 h。

(3)制备裂解液:将上述培养液 2500 r/min 离心 15 min。取上清液用细菌滤器抽滤,收集滤液;取少量滤液做无菌实验,即将其接种到牛肉膏蛋白胨培养基中,37 ℃恒温培养过夜,若无菌生长,表明细菌已除净。

(4)确证实验:在牛肉膏蛋白胨琼脂平板上加 1 滴大肠杆菌悬液,用玻璃涂棒将菌液涂布均匀;待菌液被平板培养基充分吸收后,再分散滴加 5～7 滴上述滤液于含菌平板表面,37 ℃恒温培养过夜。如果在滴加滤液的位置形成噬菌斑,表明滤液中含有大肠杆菌噬菌体。

2. 噬菌体的纯化

(1)噬菌体样液的稀释:将确证了有噬菌体的滤液用牛肉膏蛋白胨培养液依次稀释为 10^{-1}、10^{-2}、10^{-3}、10^{-4} 和 10^{-5},共 5 个稀释度。

(2)倒底层琼脂平板:取 9 cm 无菌培养皿 6 只,每皿倒入约 10 ml 牛肉膏蛋白胨琼脂培养基,作为底层,并依次标注 10^{-1}、10^{-2}、10^{-3}、10^{-4} 和 10^{-5} 稀释度。

(3)制备上层混合液:在标注 10^{-1}、10^{-2}、10^{-3}、10^{-4} 和 10^{-5} 的 5 支试管中各加入 0.2 ml 的大肠杆菌悬液;再加入相应稀释度的噬菌体液 0.1 ml,混匀后 37 ℃保温 5 min,待噬菌体吸附于宿主细胞表面。

(4)倒上层半固体琼脂平板:将上述混合液各加入 3.5 ml 约 48 ℃的上层牛肉膏蛋白胨半固体培养基,立即搓试管使培养基与菌液混匀,并对号倒入底层琼脂平板的表面,迅速铺平与凝固。

(5)培养:待上层琼脂凝固后,将平板倒置于培养箱中,37 ℃恒温培养18～24 h,可观察到形成的大肠杆菌噬菌斑。

(6)噬菌斑的纯化:在噬菌斑分布较散的平板上,用接种针挑取典型的噬菌斑,接种到含有大肠杆菌的牛肉膏蛋白胨培养液中,在37 ℃恒温培养18～24 h,以增殖噬菌体;再重复上述纯化操作步骤,直至在平板表面菌苔上出现形态、大小完全一致的噬菌斑。

(7)噬菌体效价增殖:刚纯化所得的噬菌体效价往往不高,需要进行增殖。常用液体法加以增殖,在纯化的噬菌体样液中不断定时加入对数期敏感菌液,经培养以提高悬液中噬菌体的效价;也可用固体平板增殖法,操作与上述纯化噬菌体的双层琼脂平板法相似,只是在制备混合液时,噬菌体和敏感菌均要加大浓度,以获得高效价的噬菌体液。

(8)去除菌体:在上述增殖液中往往含有少数敏感菌,它会影响噬菌体的保存期。常用细菌滤器过滤去除菌体细胞;也可用离心法先去除细胞,再滴加数滴氯仿杀死残留菌体。

3．噬菌体效价的测定

(1)试管编号:取10支无菌试管,分别标注10^{-4}、10^{-5}和10^{-6},每个稀释度各3个重复,另1支标注对照,不加噬菌体的含菌液。

(2)加噬菌体稀释液:分别从10^{-4}、10^{-5}和10^{-6}三个稀释液中吸取0.1 ml噬菌体液,置于相应标注的无菌试管中;对照中加0.1 ml无菌生理盐水,不加噬菌体液。

(3)加菌液:在上述10支试管中均加入菌液0.2 ml,振荡试管,使菌液与噬菌体液混匀;置于37 ℃水浴中保温5 min,让噬菌体粒子充分吸附并能侵入菌体细胞。

(4)加琼脂半固体培养基:取48 ℃保温的牛肉膏蛋白胨半固体培养基3.5 ml,分别加到含有噬菌体和敏感菌菌液的试管中,迅速搓匀,并立即对号倒入底层琼脂平板的表面,水平静置待凝。

(5)培养与观察:将平板倒置于培养箱内,37 ℃恒温培养24 h,观察并统计噬菌斑数目。

(6)清洗:计数完毕,将含菌平板在水浴锅中煮沸10 min,再清洗、晾干。

五、实验报告

1．实验结果

(1)绘图表示双层平板上出现的噬菌斑。

(2)将双层平板中每个稀释度的噬菌斑数记录于表14-1中,并从表中选取一组噬菌斑数为30～300,计算样品中噬菌体的效价。计算公式如下:

$$噬菌体效价(pfu/ml)=噬菌斑数×噬菌体液稀释倍数×10$$

表 14-1　各稀释度测定平板上的噬菌斑数目

噬菌体	10^{-4}			10^{-5}			10^{-6}			对照
稀释度	1	2	3	1	2	3	1	2	3	
噬菌斑数/皿										
平均										

2. 思考题

(1)在噬菌体的分离过程中试样必须经过增殖,这种增殖与细菌的富集培养有何区别?

(2)在同种敏感菌平板上,为何会出现形态和大小不同的噬菌斑?

(3)在制备上层混合液时,噬菌体稀释液与宿主细胞混匀后需要置于 37 ℃ 保温,且保温过程不能剧烈摇动试管,为什么?

六、注意事项

1. 制备的裂解液须经细菌滤器过滤,且取少量做无菌实验。否则,其他杂菌会在平板上长出正常菌落,有可能观察不到噬菌斑。

2. 在噬菌体分离和纯化过程中,所倒的底层和上层琼脂培养基均必须水平放置待凝。

3. 在验证实验中,滴加的噬菌体滤液要分散,且每滴量不宜过多,以防液滴流淌粘连而影响结果的观察与判断。

4. 在测定噬菌体效价时,噬菌体和敏感菌混匀后的保温时间不宜过长。否则,个别细胞可能率先裂解释放噬菌体,引起效价测定值的偏差。

5. 在效价测定时噬菌体样液需适度稀释,以控制噬菌体与宿主细胞的比例,避免复感染等影响结果的准确性。

第4章 微生物的生长与培养

生长繁殖是微生物生命活动的重要内容之一。生长通常是指微生物细胞组分量的增加,常用个体质量或体积的增加表示;而繁殖是指个体数目的增加,两者的含义不相同。然而,对于单细胞微生物,细胞组分协调增长到一定阶段,母细胞开始分裂,形成两个与亲代细胞相似的子代细胞,因而单细胞微生物的生长通常是特指个体数目的增加。

在自然界,细菌、放线菌和霉菌等微生物都能在适宜的环境中生长繁殖;在实验室,微生物可以快速生长,如大肠杆菌可在 20 min 繁殖一代。因此,要研究和利用微生物,必然涉及如何人为控制培养条件,使目标微生物能够按照我们预设生长繁殖。

本章安排 6 个实验,主要内容包括:(1)细菌生长曲线的制作;(2)物理因素、消毒剂和抗生素等对微生物生长的影响;(3)厌氧微生物的培养;(4)生长谱法测定微生物的营养。理解并掌握各类微生物的生长规律及其影响因素,以利于微生物生长繁殖的人为控制。

实验 15 大肠杆菌生长曲线的制作

一、目的要求

1. 通过细菌数量的测定了解大肠杆菌的生长规律,绘制生长曲线。
2. 学习并掌握比浊法测定细菌数量的基本原理与操作方法。

二、实验原理

在适宜的培养条件下,大肠杆菌细胞每 20 min 分裂一次。将适量细菌转接到一定量的新鲜培养液中,在适宜的温度下细菌的生长将呈现共同的规律,通常将经历延迟期、对数期、稳定期和衰亡期 4 个阶段。若以培养时间为横坐标,细菌数目的对数或生长速率为纵坐标,所绘制的曲线称为生长曲线,其可反映一个固定体系内细菌数量的动态变化规律。

当光线通过微生物的细胞悬液时,由于细胞的散射与吸收作用使光线的透过量降低,在一定范围内,细胞浓度与透光度呈反比,与光密度(OD 值)呈正比;而透光度或光密度可通过光电池精确测定。因此,可利用一系列菌悬液的光密度测定,建立光密度-菌数的标准曲线,再依据样品所测得的光密度,从标准曲线中获得对应的细菌数。

比浊法是用分光光度计测定溶液的 OD 值,以估算溶液中的细胞数量的一种方法。该法操作简便、快速,且可连续测定,适合于自动控制。但是,光密度不仅取决于菌悬液的菌体浓度,还受到菌体大小、形态和培养液颜色等因素的影响。因此,应选择相同的菌株和培养基制作标准曲线,颜色太深的样品不宜用此法测定。测定光波的波长通常为 400~700 nm,但选用波长需根据微生物的最大吸收波长及其稳定性实验而确定。另外,该法所获得的菌液浓度不能区分细胞死活。

三、实验器材

1. 培养基

牛肉膏蛋白胨液体培养基,LB 液体培养基 70 ml,分装在 2 支试管中,每支 5 ml,其余 60 ml 装入 250 ml 三角烧瓶中。

2. 仪器与用具

(1)仪器:722 型分光光度计和水浴振荡摇床。

(2)用具:无菌水、无菌试管与无菌吸管,玻璃棒、接种环等。

四、实验步骤

1. 标记和接种

(1)标记:取无菌试管若干支,用记号笔分别标记培养时间,0 h、1.5 h、3 h、4 h、6 h、8 h、10 h、12 h、14 h、16 h 和 20 h。

(2)接种:用 5 ml 无菌吸管吸取 2.5 ml 大肠杆菌培养过夜的培养液(培养 10~12 h),转入盛有 50 ml LB 液体培养基的三角烧瓶内,混合均匀后,用无菌吸管取混合液加到上述标记的试管中,每个试管 5 ml。

2. 培养

(1)将已接种的试管置于摇床,37 ℃恒温振荡培养(250 r/min),分别培养 0 h、1.5 h、3 h、4 h、6 h、8 h、10 h、12 h、14 h、16 h 和 20 h,将标有相应时间的试管取出,迅速放冰箱贮存。

(2)汇聚所有的培养试管,进行光密度测定。

3. 比浊测定

(1)以未接种的 LB 液体培养基作为空白对照,选用 600 nm 波长依次完成各个培养液(早取出的先测定)的光密度测定。

（2）若培养液的细胞密度较大，可用 LB 液体培养基进行适度稀释，使其光密度值在 0.1～0.65 范围。

4. 绘制生长曲线

以大肠杆菌的培养时间为横坐标，培养液的光密度值为纵坐标，绘制大肠杆菌在该实验条件下的生长曲线。

五、实验报告

1. 实验结果

（1）将各培养时间培养液光密度的测定结果记录在表 15-1 中。

（2）绘制大肠杆菌的生长曲线。

2. 思考题

（1）在本实验中，哪些操作步骤易造成较为明显的误差？

（2）试说明采用比浊法测定微生物生长的优缺点。

表 15-1   不同培养时间大肠杆菌培养液的光密度

	培养时间/h										
	0	1.5	3	4	6	8	10	12	14	16	20
光密度值											

六、注意事项

1. 比色测定前，必须将待测的培养液充分振荡，以保证细胞的均匀分布。

2. 用分光光度计测定光密度时需将其指针调零，该操作所用的溶液应与待测菌液一致，以提高实验数据的可信度。

3. 在比色测定时，也可用试管代替比色管，直接插入分光光度计的比色槽中进行测定。该法操作简便，准确性高，但所选用的试管应力求质地相同、内外直径和管壁厚薄均匀一致。

实验 16   温度、pH 和渗透压对微生物生长的影响

一、目的要求

1. 学习并掌握温度、渗透压和 pH 等因素影响微生物生长的测定方法及其操作。

2.加深理解温度、渗透压和pH等环境因素对微生物生长的影响。

二、实验原理

微生物生长常受外界环境因素的影响,在环境条件适宜时微生物的生长良好,而在环境条件不适宜时则其生长受到抑制,甚至导致个体死亡。影响微生物生长的因素种类繁多,可分为物理、化学和生物因素;其中,物理因素包括温度、渗透压和pH等。

温度对生物大分子、酶活性、细胞膜的流动性等均有重要影响,过高的温度会导致蛋白质和核酸的变性、细胞膜的破坏等;过低的温度会使酶活性受到抑制,细胞的代谢活动降低,影响微生物的生长。因此,温度是控制微生物生长的关键因子。每种微生物往往只能在一定的温度范围内生长,且都有一个最高、最低和最适生长温度。嗜冷微生物可在0℃下生长,最适生长温度为15℃,最高生长温度为20℃;多数属于嗜温微生物,一般在20～45℃温度范围内生长;嗜热微生物可在55℃以上生长,超嗜热微生物最适生长温度≥80℃,其最高生长温度≥100℃。

微生物在等渗溶液中可正常生长繁殖;在高渗溶液中细胞失水,生长受到抑制;在低渗溶液中细胞吸水膨胀,固然多数微生物具有细胞壁,细胞不会裂解,但由于溶质(包括营养物质)含量低,其生长也会受到抑制。再者,不同的微生物对渗透压变化的适应性不尽相同,多数微生物在0.5%～3% NaCl条件下正常生长,在10%～15%及以上NaCl条件下生长受到抑制;但某些极端嗜盐菌可在30%以上NaCl条件下正常生长。

pH过高或过低均会使蛋白质、核酸等生物大分子所带的电荷发生变化,影响其活性,甚至导致变性、失活;同时,pH还可引起细胞膜电荷变化,影响细胞对营养物质的吸收;还会改变环境中营养物质的可给性及其毒性。因此,微生物只能在一定的pH范围内生长,且有一个最适生长pH。一般细菌和放线菌的最适生长pH为6.5～7.5,霉菌和酵母菌的最适生长pH为4.0～6.0;而嗜酸性微生物的最适生长pH为2.0～5.5,嗜碱性微生物的最适生长pH为8.5～11.5。

三、实验器材

1. 菌种和培养基

(1)菌种:大肠杆菌、金黄色葡萄球菌、枯草杆菌、酿酒酵母、盐沼盐杆菌、粪产碱杆菌、荧光假单胞菌、嗜热脂肪芽孢杆菌。

(2)培养基:牛肉膏蛋白胨液体培养基和琼脂培养基,含0.85%、5%、10%、15%和25% NaCl的营养琼脂,胰胨豆胨液体培养基(pH分别为3、5、6和9)。

2. 溶液与试剂

无菌水、无菌生理盐水、0.1 mol/L HCl 溶液和 NaOH 溶液等。

3. 仪器与用具

(1)仪器:722 型分光光度计和比色杯、酸度计、恒温振荡摇床和恒温培养箱等。

(2)用具:酒精灯、无菌培养皿、试管、三角瓶和滴管、记号笔、玻璃涂棒和接种环等。

四、实验步骤

(一)温度对微生物生长的影响

1. 倒平板与标记

(1)倒平板:将牛肉膏蛋白胨培养基熔化后倒平板,厚度为一般平板的 1.5~2 倍。

(2)标记:取平板 12 套,用记号笔将皿底划分为 4 个区域,标记上所要接种菌种(荧光假单胞菌、金黄色葡萄球菌、大肠杆菌和嗜热脂肪芽孢杆菌)的名称。

2. 接种

用无菌的接种环分别取所要接种的 4 种菌,在平板的对应位置上画线接种。

3. 培养与观察

将接种后的平板分为 4 组,每组 3 套,分别在 4 ℃、20 ℃、37 ℃和 55 ℃条件下倒置培养 24~48 h,观察细菌生长状况并记录。

(二)渗透压对微生物生长的影响

1. 倒平板

(1)将含有 0.85%、5%、10%、15%和 25% NaCl 的营养琼脂熔化后分别倒平板。

(2)每种盐浓度倒平板 3 套,共 15 套。

2. 标记与接种

(1)标记:取上述平板用记号笔标记上相应的盐浓度,并将皿底划分为 3 个区域,标记上所要接种菌种(盐沼盐杆菌、金黄色葡萄球菌和大肠杆菌)的名称。

(2)接种:用无菌的接种环分别取所要接种的 3 种菌,在平板的对应位置上画线接种。

3. 培养与观察

将接种后的平板倒置于培养箱,55 ℃恒温培养 2~4 d,观察细菌生长状况并记录。

(三)pH 对微生物生长的影响

1. 菌悬液制备

(1)取适量无菌生理盐水分别加入到所要接种的菌种(酿酒酵母、大肠杆菌、粪产碱杆菌)新鲜斜面培养物试管中,制成均匀的细胞悬液。

(2)用无菌生理盐水调整菌悬液浓度,使其 OD_{600} 均为 0.05。

2．接种与培养

(1)接种:吸取 0.1 ml 上述菌悬液,分别接种到装有 5 ml pH 为 3、5、7 和 9 的胰胨豆胨液体培养基试管中。

(2)培养:将接种大肠杆菌和粪产碱杆菌的试管于 37 ℃振荡培养 24～48 h,接种酿酒酵母的试管于 28 ℃振荡培养 48～72 h。

3．培养物浓度测定

将上述各培养试管取出,以未接种的液体培养基为对照,用 722 型分光光度计测定培养物的 OD_{600}。

五、实验报告

1．实验结果

(1)比较四种细菌在不同培养温度下的生长状况("－"表示不生长,"＋"表示生长较差,"＋＋"表示生长一般,"＋＋＋"表示生长良好),填入表 16-1。

表 16-1 培养温度对细菌生长的影响

菌种	荧光假单胞菌			金黄色葡萄球菌			大肠杆菌			嗜热脂肪芽孢杆菌		
平板	1	2	3	1	2	3	1	2	3	1	2	3
4 ℃												
20 ℃												
37 ℃												
55 ℃												

(2)比较三种细菌在不同 NaCl 浓度下的生长状况("－"表示不生长,"＋"表示生长较差,"＋＋"表示生长一般,"＋＋＋"表示生长良好),填入表 16-2。

表 16-2 不同 NaCl 浓度对细菌生长的影响

NaCl 浓度(%)	0.85			5			10			15			25		
平板	1	2	3	1	2	3	1	2	3	1	2	3	1	2	3
盐沼盐杆菌															
金黄色葡萄球菌															
大肠杆菌															

(3)比较三种微生物在不同培养 pH 下的生长状况,将培养物的 OD_{600} 填入表 16-3。

表 16-3　不同 pH 对 3 种微生物生长的影响

	OD_{600}			
	3	5	7	9
酿酒酵母				
大肠杆菌				
粪产碱杆菌				

2. 思考题

(1)如何设计实验以确定某种细菌是嗜冷菌或嗜热菌?

(2)试设计实验,证明芽孢杆菌对 100 ℃高温有较强的抵抗能力。

(3)在培养微生物时,为何通常在培养基中需要添加缓冲剂?

六、注意事项

1. 无菌操作必须严格,以免杂菌污染。

2. 用于较高温度下培养微生物的平板,其厚度要适当增加,如在 60 ℃下应为一般平板厚度的 1.5~2 倍,以免高温导致水分过度散失,培养基干裂。

3. 本实验中,pH 对微生物生长的影响属于定量实验,取培养基量和接种量等必须准确,以保证实验结果的可靠性。

4. 在测定系列样品时,标记要简洁、清晰,以免造成实验结果的混乱。

5. 采用固体平板培养时,平皿要倒置培养,以免培养基的水分蒸发,在皿盖上形成水珠后滴到平板上,影响细菌的生长和菌落间的隔离。

七、知识窗

1. 实验菌株的选择

荧光假单胞菌、金黄色葡萄球菌、大肠杆菌和嗜热脂肪芽孢杆菌的最适生长温度分别为 25~30 ℃、30~37 ℃、37 ℃和 60~65 ℃,通过检测上述微生物在不同温度条件下的生长状况,可以明确温度对不同类型微生物生长的影响。盐沼盐杆菌在 20%~30%(3.5~5.2 mol/L)NaCl 条件下生长良好,在低于 9%(1.5 mol/L)NaCl 条件下细胞开始裂解;金黄色葡萄球菌可在 15%(2.5 mol/L)NaCl 条件下生长,而大肠杆菌在 0.5%~3% NaCl 条件下生长良好。因此,可通过检测这些微生物对不同 NaCl 浓度的耐受性,了解渗透压对微生物生长的影响。酿酒酵母、大肠杆菌和粪产碱杆菌的最适 pH 分别为 5.6、6.0~7.0 和 7.0,这些微生物可用来检测 pH 对微生物生长的影响。

2．嗜热菌与耐热菌及其区分方法

嗜热菌，又称高温细菌，它是一类生活在高温环境中的微生物。根据对温度的不同要求，嗜热菌可划分为 3 类：(1)兼性嗜热菌，其最高生长温度在 40～50 ℃，而最适生长温度仍在中温范围内，通常又称为耐热菌；(2)专性嗜热菌，其最适生长温度在 40 ℃以上，40 ℃以下则生长很差，甚至不能生长；(3)端嗜热菌，其最适生长温度在 65 ℃以上，最低生长温度在 40 ℃以上。随着对嗜热菌研究的广泛开展，新的菌种不断被发现。从意大利某海底火山口附近的硫黄矿区分离到的一种极端嗜热菌，是迄今所知嗜热性最强的细菌；该菌生长的温度范围为 85～110 ℃，最适生长温度为 105 ℃。

实验 17　化学消毒剂的抑菌效应与石炭酸系数测定

一、目的要求

1．熟悉化学消毒剂的含义，掌握常用消毒剂对微生物生长的影响。
2．熟悉石炭酸系数的含义，掌握该指标的测定方法。

二、实验原理

化学消毒剂(chemical disinfectants)是指能作用于微生物和病原体，使其蛋白质变性，失去正常功能而死亡的化学药物，包括有机溶剂(酚、醇和醛等)、重金属盐、卤素元素及其化合物、染料和表面活性剂等。

有机溶剂可使蛋白质和核酸变性失活，破坏细胞膜；重金属盐类可使蛋白质和核酸变性失活，或与细胞代谢产物螯合而变成无效化合物；碘与酪氨酸残基不可逆结合，而使蛋白质失活，氯与水作用产生强氧化剂使蛋白质变性；低浓度的染料可抑制细菌生长，革兰氏阳性菌对染料更为敏感；表面活性剂可改变细胞膜的通透性，也能使蛋白质变性。

通常，以石炭酸为标准确定化学消毒剂的抑菌(或杀菌)能力，用石炭酸系数表示。将某种消毒剂做系列稀释，在一定时间和条件下，该消毒剂杀死全部供试菌的最高稀释倍数与达到同样效果的石炭酸最高稀释倍数的比值，为该消毒剂的石炭酸系数。石炭酸系数越大，该消毒剂的杀菌能力越强。

三、实验器材

1．菌种和培养基
(1)菌种：大肠杆菌和金黄色葡萄球菌。

(2)培养基:牛肉膏蛋白胨液体培养基和琼脂培养基。

2. 溶液与试剂

无菌水、无菌生理盐水、0.1%升汞、5%石炭酸、2.5%碘酒、1%来苏水、0.05%与0.005%甲紫、0.25%新洁尔灭、75%乙醇和无水乙醇等。

3. 仪器与用具

(1)仪器:电热恒温培养箱和恒温摇床。

(2)用具:酒精灯,无菌培养皿、试管、三角瓶和滴管,无菌滤纸条和滤纸片,镊子,玻璃涂棒和接种环等。

四、实验步骤

(一)化学消毒剂对微生物生长的影响——滤纸片法

1. 菌悬液制备:将金黄色葡萄球菌接种到装有 5 ml 牛肉膏蛋白胨液体培养基的试管中,37 ℃恒温培养 18 h。

2. 倒平板:将牛肉膏蛋白胨培养基熔化后倒平板,注意平板厚度均匀。

3. 涂平板:用无菌吸管取上述菌液 0.2 ml,加到琼脂平板的中央,用无菌玻璃涂棒迅速涂布均匀。

3. 标记:将上述平板的皿底用记号笔划分为 4~6 个等分,分别标注消毒剂的名称。

4. 贴滤纸片

(1)用镊子取无菌滤纸片,分别浸入相应的消毒剂润湿,在容器壁沥去多余溶液。

(2)再将滤纸片分别贴在平板相应区域的中央;以浸润无菌生理盐水的滤纸片为对照。

5. 培养与观察

(1)培养:将接种后的平板倒置于培养箱,37 ℃恒温培养 24 d。

(2)观察并记录杀菌圈的大小。

(二)石炭酸系数的测定

1. 菌悬液制备

将大肠杆菌接种到装有 5 ml 牛肉膏蛋白胨液体培养基的试管中,在 37 ℃振荡培养 18 h。

2. 消毒剂稀释与分装

(1)稀释:将石炭酸用无菌水稀释,配制成 1/50、1/60、1/70、1/80 和 1/90 等浓度;将来苏水用无菌水稀释,配制成 1/150、1/200、1/250、1/300 和 1/500 等浓度。

(2)每种稀释液各取 5 ml 装入无菌试管并做好标记。

3. 液体培养基试管的准备与标记

(1)取 30 支装有牛肉膏蛋白胨液体培养基的试管,将其中 15 支标记石炭酸 5 种浓度,每种浓度 3 管,分别标记 5 min、10 min 和 15 min。

(2)另外 15 支标记来苏水 5 种浓度,每种浓度 3 管,分别标记 5 min、10 min 和 15 min。

4. 消毒剂处理与接种

(1)在装有不同浓度石炭酸和来苏水的试管中分别加入 0.5 ml 大肠杆菌菌液。

(2)在处理 5 min、10 min 和 15 min 后,用接种环分别从试管中取一环菌液,接种到相应牛肉膏蛋白胨液体培养基试管中。

5. 培养与观察

(1)培养:将接种后的试管置于恒温摇床内,37 ℃振荡培养 48 d。

(2)观察细菌生长状况,记录结果。若试管内培养液变混浊,记为"＋",表示细菌生长;培养液清澈,记为"－",表示细菌不生长。

6. 石炭酸系数计算

找出大肠杆菌用消毒剂处理 5 min 后仍生长,而处理 10 min 和 15 min 后不生长的来苏水和石炭酸的最大稀释倍数,计算两者比值,得到石炭酸系数。

五、实验报告

1. 实验结果

(1)比较不同消毒剂对金黄色葡萄球菌的抑菌效果,将所测的抑菌圈直径填入表 17-1。

表 17-1　不同消毒剂对金黄色葡萄球菌的抑菌效果

消毒剂	抑菌圈直径/mm	消毒剂	抑菌圈直径/mm
2.5％碘酒		1％来苏水	
0.1％升汞		0.25％新洁尔灭	
5％石炭酸		0.005％甲紫	
75％乙醇		0.05％甲紫	
无水乙醇			

(2)将以大肠杆菌为实验菌进行来苏水石炭酸系数的测定,实验结果填入表 17-2,并计算石炭酸系数。

2. 思考题

(1)如何设计实验以确定某种化合物是消毒剂?

(2)如何设计实验,可证明某化学消毒剂对供试菌是抑菌还是杀菌?

表 17-2　来苏水的石炭酸系数测定

消毒剂	稀释倍数	生长状况			石炭酸系数
		5 min	10 min	15 min	
石炭酸					
来苏水					

六、注意事项

1. 实验所用的无菌滤纸形状、大小要一致,粘贴滤纸片要一步到位,不能在平板的表面拖动,以免消毒剂不均匀扩散。

2. 在石炭酸系数测定时,消毒剂和石炭酸的稀释倍数及其取样量要准确,每个试管中所接种的菌量要一致,以保证实验结果的可靠性。

3. 在石炭酸系数测定时,消毒剂试管与液体培养试管的标记要简明,以免造成实验结果的混乱。

七、知识窗

1. 巴斯德、李斯特与外科消毒

在 19 世纪早期,由于消毒剂尚没有被发明和使用,外科手术患者因伤口感染所导致的死亡率高达 50％～80％。法国微生物学家巴斯德(Louis Pasteur)首次提出了关于病菌的理论,他认为细菌存在于空气中、手术医生手上以及手术器械与纱布上,易感染伤口;只有防止细菌进入人体才能避免得病,并建议外科医生将手术器械消毒(如灼烧)后使用。巴斯德的建议遭到了法国医学会一些老医生的嘲笑,但却引起了英国医生李斯特(Barron Joseph Lister)的重视,他认为缺乏消毒是手术后发生感染的主要原因,并将此理论运用于外科临床。他用石炭酸对手术器械、纱布和手术室等进行消毒和清洗伤口,成功地挽救了一名重伤病人,并避免了病菌感染。随后,消毒剂被广泛应用于医院外科手术中,使外科手术患者的死亡率很快下降到 15％。由于李斯特开启了无菌外科手术时代,他被称为"现代外科手术之父"。

2. 用于消毒剂效果检测的实验菌株

检测某种化学消毒剂和抗生素的抑菌或杀菌能力,常选用有代表性的非致病菌(或条件致病菌)代替致病菌,金黄色葡萄球菌、枯草芽孢杆菌和大肠杆菌是常用于消毒剂和抗生素筛选的实验菌株,分别代表革兰氏阳性球菌、革兰氏阳性杆菌和革兰氏阴性肠道菌。尤其是大肠杆菌和金黄色葡萄球菌,常作为化学消毒剂抑菌或杀菌效果检测的实验菌株,也是作为测定化学消毒剂石炭酸系数的实验菌株。

实验 18　抗生素的抗菌谱与最低抑菌浓度的测定

一、目的要求

1. 学习并掌握消毒剂和杀菌剂最低抑菌浓度的测定方法。
2. 了解常用化学消毒剂的抑菌效力。

二、实验原理

在自然界,许多微生物之间具有拮抗作用;有些微生物可产生抗生素,能选择性地抑制或杀死其他微生物。不同抗生素的作用机制不同,其抗菌谱也不相同,如青霉素作用于革兰氏阳性菌,多黏菌素作用于革兰氏阴性菌,属于窄谱抗生素;四环素和土霉素对许多革兰氏阳性菌和阴性菌都有作用,属于广谱抗生素。了解某种抗生素的抗菌谱在临床治疗上有重要意义,利用滤纸片法可初步确定抗生素的抗菌谱。

最低抑制浓度(minimum inhibitory concentration,MIC)是衡量药物抗菌活性的一个重要指标,指在体外培养 18~24 h 后能抑制培养基中微生物生长的药物最低浓度。

MIC 的测定可在液体或固体培养基中进行。固体法是将不同剂量的药物与一定量融化的培养基相混合,制成含不同药物浓度的平板;将待测幼龄菌的菌液接种到含药平板上,使每个接种点含有约 100 个细菌;再将平板置于适宜温度下培养一段时间,观察供试菌的生长状况。判断细菌不生长的标准有两种:(1)以该菌不生长的平板所含的药物浓度为 MIC;(2)以接种点长出的菌落数少于 5 个作为 MIC 的标准。固体法的优点是一个平板上可同时测试 20 个菌株;缺点是手续烦琐,药物不易分散均匀,且测试菌的接种量较难控制。

液体稀释法是在试管中加入一定量适合测试菌生长的液体培养基作为稀释液,将不同剂量的药物加入各管中,使之形成一组含不同浓度的药物试管,再逐管加入一定量的测试菌,在适宜的温度下培养一段时间,用肉眼观察其浑浊度或用光电比色计做比浊测定,以不长菌管的药物浓度为该药物的 MIC,药物浓度以 $\mu g/ml$ 表示。该法的优点是药物分散较为均匀,只要测试菌的接种量适宜就容易判断细菌有无生长;其不足之处是测试菌多时,工作量大,较为耗时。

三、实验器材

1. 菌种和培养基

(1)菌种:大肠杆菌、金黄色葡萄球菌和枯草杆菌。

(2)培养基:牛肉膏蛋白胨液体培养基和琼脂培养基。

2. 溶液与试剂

(1)无菌生理盐水、青霉素溶液(80 万单位/ml)、氨苄西林溶液(80 万单位/ml)。

(2)土霉素溶液(1000 $\mu g/ml$):称取土霉素口服粉末或片剂 25 mg,加 2.5 mol/L HCl 溶液 15 ml 使之溶解,再加无菌水稀释成 1000 $\mu g/ml$;配制过程均须无菌操作。

3. 仪器与用具

(1)仪器:电热恒温培养箱。

(2)用具:酒精灯,无菌培养皿、移液管和试管,无菌滤纸条,镊子和接种环等。

四、实验步骤

(一)滤纸片法测定抗生素的抗菌谱

1. 倒平板

将牛肉膏蛋白胨培养基熔化后倒平板,注意平板厚度均匀。

2. 贴滤纸片

用镊子取无菌滤纸片,分别浸入青霉素溶液和氨苄西林溶液中润湿,再在容器壁沥去多余溶液,将滤纸片分别贴在两个平板的一端(图 18-1 左)。

3. 接种

用无菌的接种环分别挑取金黄色葡萄球菌、枯草杆菌和大肠杆菌,从滤纸条边缘向另外一端垂直画线接种(图 18-1 左)。

4. 培养与观察

将接种后的平板分倒置于培养箱,37 ℃恒温培养 24 h,观察细菌生长状况并记录。

(二)液体稀释法测定 MIC

1. 配制不同浓度的土霉素溶液

按表 18-1 中所示的量取土霉素(1000 $\mu g/ml$)溶液,加到不同量的液体培养基试管中,

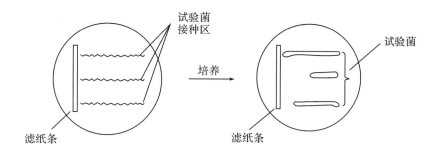

图 18-1　抗生素抗菌谱实验及其结果示意图

混合均匀。

表 18-1　不同浓度的土霉素溶液

编号	1	2	3	4	5	6	7	8	9	10
加土霉素的量/ml	0.1	0.2	0.3	0.4	0.5	0.6	0.7	0.8	0.9	1.0
培养液/ml	9.9	9.8	9.7	9.6	9.5	9.4	9.3	9.2	9.1	9.0
土霉素终浓度/(μg/ml)	20	20	30	40	50	60	70	80	90	100

2. 接种

(1)制备菌液:将大肠杆菌(或金黄色葡萄球菌)预先活化 2 代后,接种到液体培养基中,在 37 ℃恒温培养 6~8 h,使菌液浓度达到 10^6 个/ml,作为测试菌菌液。

(2)加菌液:在含有不同浓度土霉素的试管中,各加入测试菌液 0.2 ml,充分混匀。

(3)对照实验:阳性对照,只含菌不含药物;阴性对照,只含药物不含菌。

3. 培养与观察

(1)将接种后的试管置于恒温箱中,37 ℃培养 24 h。

(2)取出试管,充分摇匀,用肉眼逐个观察各试管的浑浊度。若某管中培养液与阴性对照管同样透明,表明测试菌的生长被抑制,则该管的药物浓度为土霉素对该菌的 MIC。

(二)固体稀释法测定 MIC

1. 制备药物梯度平皿

(1)分别吸取土霉素(1000 μg/ml)溶液 0.15 ml、0.30 ml、0.45 ml、0.60 ml、0.75 ml、0.90 ml、1.05 ml、1.20 ml、1.35 ml 和 1.50 ml,加到预先做好标记的无菌培养皿中。

(2)再在各皿中加入融化并冷却至 50 ℃的牛肉膏蛋白胨琼脂培养基 15 ml,混合均匀后平置、凝固,制成药物梯度平板,药物含量依次为 10 μg/ml、20 μg/ml、30 μg/ml、40 μg/ml、50 μg/ml、60 μg/ml、70 μg/ml、80 μg/ml、90 μg/ml 和100 μg/ml。

2. 标记与接种

(1)标记:取上述含药平板,用记号笔将其皿底划分为若干小方格(1×1 cm,直径 9 cm

的培养皿可分成 20~25 个方格),标注上相应测试菌的名称。

(2)接种:用无菌的接种环取 1 环测试菌于平板表面的相应位置上,涂抹均匀;接种前需预算出每环菌液所含菌数,使每个接种点的细菌数约为 100 个。

3.培养与观察

(1)将接种后的平板倒置于培养箱,37 ℃恒温培养 24 h,观察细菌生长状况。

(2)在无菌生长的平板中,含药浓度最低的为土霉素对该菌的 MIC;或以接种点长出的菌落数少于 5 个作为 MIC 的判定标准。

五、实验报告

1.实验结果

(1)绘图表示并说明青霉素和氨苄西林对三种供试菌的抑菌效果。

(2)将用液体稀释法测定的结果填入表 18-2 中,用"一"表示不生长管,用"十"表示生长管。

(3)将用固体稀释法测得的数据(接种点上出现的菌落数)填入表 18-3 中。

2.思考题

(1)在液体中和固体平板上测得的 MIC 是否一致?试分析两种测定出现差异的原因。

(2)试设计实验,以测定某化学消毒剂对大肠杆菌的最低抑菌浓度。

表 18-2　液体法测得不同土霉素浓度对细菌生长的影响

| 测试菌 | 药物浓度/(µg/ml) | | | | | | | | | | 对照管 | |
	10	20	30	40	50	60	70	80	90	100	含菌	含药
大肠杆菌												
金黄色葡萄球菌												

表 18-3　固体法测得不同土霉素浓度对细菌生长的影响

| 测试菌 | 药物浓度/(µg/ml) | | | | | | | | | | 对照管 | |
	10	20	30	40	50	60	70	80	90	100	含菌	含药
大肠杆菌												
金黄色葡萄球菌												

六、注意事项

1.在最低抑菌浓度测定时,须选择对药物敏感的菌株;且实验菌株的菌龄以活跃生长的幼龄菌为宜。

2. 在抗生素抗菌谱实验中,滤纸条必须规则均一,粘贴时不能在平板表面拖动,以免抗生素分布不均匀;画线接种时,其起点可靠近滤纸条,但不能接触,以免接种环将滤纸条上的抗生素带出。

3. 最低抑菌浓度的测定属于定量实验,药物必须充分混匀,稀释倍数与取样量必须准确,接种量要保持一致,以保证实验结果的可靠性。

实验 19　厌氧微生物的培养

一、目的要求

1. 学习几种培养厌氧微生物的方法。
2. 学习并掌握常用厌氧微生物培养方法的基本原理与操作要领。

二、实验原理

厌氧微生物在自然界中分布广泛,种类繁多,其作用也日益引起重视。这类微生物不能进行有氧呼吸,且氧气对其生存有一定的毒害作用。因此,这类微生物的分离、培养需要除去氧气及在氧化还原势较低的环境中进行。

厌氧微生物的培养技术很多,有些方法操作较为复杂,且对仪器的要求也很高;而有些方法操作相对比较简单,对仪器的要求也低,但只能用于对厌氧要求相对较低的厌氧菌培养。后者有碱性焦性没食子酸法、厌氧罐法、庖肉培养基法等。

1. 碱性焦性没食子酸法

焦性没食子酸与碱溶液($NaOH$ 和 $NaHCO_3$)作用后形成易被氧化的碱性焦性没食子酸,能通过氧化作用形成黑褐色的碱性焦性没食子橙,从而除掉密封容器中的氧。该法不需要特殊的仪器,操作简便,适于任何可密封的容器,迅速建立厌氧环境。其缺点是氧化过程会产生少量的 CO,对某些厌氧菌的生长有抑制作用;同时,$NaOH$ 的存在会吸收密闭容器中的 CO_2,对某些厌氧菌生长不利。用 $NaHCO_3$ 代替 $NaOH$,可部分克服 CO_2 被吸收的问题,但却又会导致吸氧速率的减慢。

2. 厌氧罐法

利用某些方法在密闭的厌氧罐(图 19-1)中生成一定的氢气,而经过处理的钯或铂可作为催化剂催化氢与氧结合形成水,从而除掉罐内的氧而营造厌氧环境。由于适量的 CO_2($2\%\sim10\%$)对多数厌氧菌的生长有促进作用,在分离厌氧菌时可提高检出率,因而在供氢的同时还向罐内供给一定的 CO_2。厌氧罐中 H_2 和 CO_2 的生成可采用钢瓶罐注的外源法，但更方便的是内源法，利用各种化学反应在罐内自行生成。如利用镁与氯化锌遇水后发生反应生成氢气，碳酸氢钠加柠檬酸产生 CO_2。厌氧罐中使用的厌氧度指示剂，通常是根据亚甲蓝在氧化态时呈蓝色，而在还原态时呈无色设计的。

3. 庖肉培养基法

碱性焦性没食子酸和厌氧罐培养法主要用于厌氧菌的斜面及平板等固体培养，而庖肉培养基法则在对厌氧菌进行液体培养时所采用。其基本原理是，将精瘦牛肉或猪肉经处理后配制成庖肉培养基，其中含有容易氧化的不饱和脂肪酸能吸收氧，含有谷胱甘肽等还原性物质可形成负氧化还原电势差；再加阿江培养基煮沸驱氧以及用液状石蜡凡士林封闭液面，可用于培养厌氧菌。这种方法是保藏厌氧菌，尤其是厌氧的芽孢菌的一种简单可行方法；若操作适宜，严格厌氧菌也可获得生长。

图 19-1　厌氧罐

三、实验器材

1. 实验材料

(1)菌种：巴氏芽孢梭菌和荧光假单胞菌。

(2)培养基：牛肉膏蛋白胨琼脂培养基、庖肉培养基。

2. 仪器与用具

(1)仪器：厌氧罐、产气袋、厌氧指示袋。

(2)用具：无菌大试管(带橡皮塞)、催化剂、灭菌的玻璃板(比培养皿大 3～4 cm)、滴管、烧瓶、小刀和棉花等。

四、实验步骤

(一)碱性焦性没食子酸法

1. 大管套小管

(1)在一个已灭菌、带橡皮塞的大试管中,加入少许棉花和焦性没食子酸;焦性没食子酸的用量按其在过量碱液中能吸收 100 ml 空气中的氧来估算,本实验用量约 0.5 g。

(2)接种巴氏芽孢梭菌在小试管牛肉膏蛋白胨琼脂斜面上,迅速滴加 10％的 NaOH 溶液于大试管中,使焦性没食子酸湿润,并立即放入除掉棉塞已接种厌氧菌的小试管斜面(管口朝上),塞上橡皮塞,置于 30 ℃培养,定期观察斜面上菌种的生长状况并记录。

2. 培养皿法

(1)将 1 块玻璃板或培养皿盖洗净、干燥后灭菌,铺上一薄层已灭菌的脱脂棉或纱布,将 1 g 焦性没食子酸放在其上。

(2)用牛肉膏蛋白胨琼脂培养皿倒平板,待凝固稍干后,在平板上一半画线接种巴氏芽孢梭菌,另一半接种荧光假单胞菌,并在皿底做好标记。

(3)滴加 10％的 NaOH 溶液 2 ml 于焦性没食子酸上,切勿使溶液溢出棉花,立即将已接种的平板覆盖于玻璃板上或培养皿盖上,必须将脱脂棉全部罩住,而焦性没食子酸反应物不能与培养基表面接触。

(4)用溶化的石蜡凡士林密封皿与玻璃板(或皿盖)的接触处,置于 30 ℃培养,定期观察斜面上菌种的生长状况并记录。

(二)厌氧罐法

1. 接种培养

(1)用牛肉膏蛋白胨琼脂培养基倒平板。凝固干燥后,取两个平板,每个平板均一半画线接种巴氏芽孢梭菌,另一半接种荧光假单胞菌,并做好标记。

(2)其中一个平板置于厌氧罐的培养皿支架上,放入厌氧罐内;另一个平板直接置于 30 ℃温室培养。

2. 加催化剂

将已活化的催化剂倒入厌氧罐罐盖下面的多孔催化剂盒内,旋紧。

3. 加气体和指示剂

(1)剪开气体发生袋的一个角,将其置于罐内金属架的夹上,再向袋中加入 10 ml 水。

(2)同时,由另一位同学配合,剪开指示剂袋,使指示剂暴露,立即放入罐内。

4. 培养与观察

(1)培养:迅速盖好厌氧罐罐盖,将固定梁旋紧,置于 30 ℃温室培养。

(2)观察：定期观察厌氧罐内的变化及菌种生长情况，并记录。

（三）庖肉培养基法

1．接种

(1)将盖在培养基液面的石蜡凡士林于火焰上微微加热，使其边缘熔化，再用接种环将石蜡凡士林块拨成斜立或直立在液面上，再用接种环或无菌滴管接种。

(2)接种后将液面上的石蜡凡士林块在火焰上加热使其熔化，再将试管直立静置，使石蜡凡士林凝固并密封培养基液面。

2．培养

按上述方法分别将巴氏芽孢梭菌和荧光假单胞菌接种于庖肉培养基中，置于30 ℃温室培养，并注意观察培养基肉渣颜色的变化和熔封石蜡凡士林层的状态。

五、实验报告

1．实验结果与讨论

在你的实验中，巴氏芽孢梭菌和荧光假单胞菌在几种厌氧培养方法中的生长状况如何？并对以下3种情况进行分析、讨论。

(1)巴氏芽孢梭菌生长，而荧光假单胞菌不生长。

(2)巴氏芽孢梭菌和荧光假单胞菌均生长。

(3)巴氏芽孢梭菌和荧光假单胞菌均不生长。

2．思考题

(1)在进行厌氧菌培养时，为何均需要接种相应的好氧菌作为对照？

(2)根据实验，简要说明这3种厌氧培养法的优缺点。

六、注意事项

1．焦性没食子酸遇碱性溶液就会迅速发生反应并开始吸氧，因此，必须做好所有的准备工作后方能向焦性没食子酸滴加 NaOH 溶液，并迅速封闭大试管或平板。

2．焦性没食子酸对人体有毒，可通过皮肤吸收，操作时必须小心，并戴手套。

3．配制好的庖肉培养基试管放置一段时间后，在接种前需要将其置于水浴中加热10 min，以除去溶入的氧气。

4．对于一般厌氧菌，接种的庖肉培养基可直接放在温室培养；但对于厌氧要求高的厌氧菌，则接种的培养基应先放在厌氧罐中，再送温室培养。

实验 20　生长谱法测定微生物的营养要求

一、目的要求

1. 学习并掌握生长谱法测定微生物营养要求的基本原理和操作方法。
2. 熟悉微生物对各种营养物质的利用状况。

二、实验原理

微生物的生长繁殖需要一定的营养物质,包括碳源、氮源、无机盐、微量元素、生长因子等,缺少其中一种,或不能利用其中的某一种营养物质,便不能生长。据此,可将微生物接种于基本培养基上,把待测营养物质点植于基本培养基上,若微生物需要这种营养物质,便可生长形成菌落;而未点植营养物质的区域则不出现菌落。由此测得微生物的营养要求的方法称为生长谱法,该法操作简便、结果可靠。

生长谱法可以定性测定微生物能否利用某种营养物质,如葡萄糖、半乳糖和蜜二糖等,还可以定量测定微生物对各种营养物质的需要量。在微生物遗传育种中常用的营养缺陷型,这类突变体的富集、分离和鉴定也常用生长谱法,或隶属于生长谱法的方法。

三、实验器材

1. 菌种

热带假丝酵母斜面培养物。

2. 培养基

基础培养基,配方参见附录 3。

3. 试剂与用具

(1)糖溶液:10%葡萄糖、半乳糖、麦芽糖、蔗糖、乳糖和蜜二糖,所用的糖样品均为分析纯(最好为色谱纯);用无菌蒸馏水配制,煮沸 15 min,灭菌。

(2)用具:无菌生理盐水,无菌培养皿、离心管和小圆滤纸片,镊子,接种环,酒精灯和记号笔等。

四、实验步骤

1. 菌悬液的制备

(1)取 28 ℃培养 24 h 的热带假丝酵母斜面 1 支,加入 3～5 ml 无菌生理盐水,洗下菌苔至无菌的离心管中,800 r/min 离心 15 min;弃上清,加无菌生理盐水 3～5 ml 洗涤,再离心。

(2)弃上清,加无菌生理盐水 20 ml,制成菌悬液。

2. 制备平板

(1)取无菌培养皿 2 套,各加入上述菌悬液 1 ml;将融化后冷至 50 ℃左右的基础培养基倾注于加有菌悬液的培养皿中,迅速摇匀,待凝固。

(2)凝固后,将培养皿底部用记号笔划分为 6 个区,并标记待测试营养物质(各种糖)的名称。

3. 培养与检测

(1)将制好的平板于 28 ℃培养 1 h 后,用无菌镊子取浸泡过各种糖的小圆滤纸片,分别粘贴到平板中的对应区域,28 ℃继续培养 24 h。

(2)观察和记录热带假丝酵母的生长状况,用"－"表示不生长,"＋"表示生长。

五、实验报告

1. 实验结果与分析

(1)将实验结果记录于表 20-1,并说明热带假丝酵母对各种糖类的利用状况。

表 20-1 热带假丝酵母对糖类的利用状况

	葡萄糖	半乳糖	乳糖	蔗糖	麦芽糖	蜜二糖
热带假丝酵母						

(2)分析讨论生长谱法的优缺点和应用范畴。

2. 思考题

(1)为什么本实验在收集酵母细胞时需要连续离心 2 次?

(2)本实验属于定性测量,试设计定量测定酵母对某种营养物质的需要状况的实验方案。

(3)运用生长谱法设计酵母对各种氮源利用的实验方案。

六、注意事项

1. 在制备菌悬液时,宜采用无菌生理盐水洗下菌苔和洗涤,以维持渗透压的平衡,保障菌体的活力。

2. 在制备平板时,培养基的温度不能超过 50 ℃,以免杀死供试菌种;且菌液与培养基须快速混匀。

3. 平板底部须预先均分为 6 个区,且标明待试物名称,以免粘贴滤纸片及观察时混乱。

4. 浸泡过药液的滤纸片不能过湿,且宜将滤纸片粘贴在相应区域的中央,以免药液渗流影响实验结果。

5. 在粘贴滤纸片时,须在一种药液的若干重复粘贴完毕后,再粘贴第二种,且所用的镊子需处理或更换,以免镊子携带转移药液,干扰实验结果。

第5章 微生物鉴定中常用的生理生化反应

在所有活细胞中存在的全部生物化学反应称为代谢,代谢过程是一个酶促反应过程。多数的蛋白酶是胞内酶(endoenzymes),这类酶在细胞内产生并发挥其催化功能;而有些蛋白酶属于胞外酶(exoenzymes),这类酶也在细胞内产生,但需要释放细胞外才能发挥其催化功能。微生物的代谢类型多样,不同类型间差异明显,主要表现为对糖类和蛋白质的分解能力,以及分解代谢的最终产物等的不相同;由此可反映出不同的酶系和不同的生理特性,可作为微生物鉴定和分类的依据。

20 世纪 70 年代后,国内外陆续出现了许多简便的生化实验方法,其具有快速、准确、微量化和操作简便等优点;再配置一套由计算机编码的细菌鉴定手册,可对某类细菌进行快速的鉴定。这些鉴定系统最初是为肠杆菌科的鉴定设计的,近年来国外出现了一些新的鉴定系统,用于鉴定肠杆菌科以外的一些微生物,但国内目前主要局限于肠杆菌科的鉴定。

本章安排 3 个实验,包括细菌对大分子物质的分解,微生物的常规生理生化反应,以及鉴别细菌的微量、快速生化实验,以证明不同细菌生理生化功能的多样性。

实验 21 大分子物质的水解实验

一、目的要求

1. 学习和掌握微生物大分子物质水解实验的原理和方法。

2. 证明不同微生物对各种有机大分子物质的水解能力不同,说明不同微生物具有不同的酶系统。

二、实验原理

微生物对大分子物质如淀粉、蛋白质和脂肪不能直接利用,必须依靠自身产生的胞外酶将大分子物质分解后,才能吸收利用。胞外酶主要是水解酶,通过加水裂解大分子物质,转化为小分子物质,能转运至细胞内。如淀粉酶水解淀粉为小分子糊精、双糖和单糖,脂肪酶水解脂肪为甘油和脂肪酸,蛋白酶蛋白质水解为氨基酸等;这些过程均可通过观察菌落周围的物质变化来证实。如淀粉遇碘液变为蓝色,而细菌水解淀粉的区域,用碘液检测时不再产生蓝色,表明细菌产生淀粉酶;脂肪水解后产生脂肪酸,会使培养基的 pH 降低,加入中性红指示剂,培养基由淡红色转变为深红色,说明细胞外存在脂肪酶。

通常微生物利用各种蛋白质和氨基酸作为氮源,而在缺乏糖类时,它们还可作为能源。明胶是由胶原蛋白水解产生的蛋白质,在 25 ℃以下可维持凝胶状态,以固体形式存在;而在25 ℃以上明胶会液化。有些微生物可产生一种称为明胶酶的胞外酶,能水解这种蛋白质,使明胶液化,在 4 ℃时仍然是液化状态。

还有些微生物能水解牛奶中的蛋白质酪素,该水解可用石蕊牛奶检测。石蕊牛奶培养基由脱脂牛奶和石蕊配制而成,是浑浊的蓝色,酪素水解成氨基酸和肽后,培养基变为透明。石蕊牛奶也常被用来检测乳糖发酵,因为在酸存在时,石蕊会转变为粉红色,而过量的酸可引起牛奶的固化(凝乳形成),氨基酸的分解会引起碱性反应,使石蕊变为紫色。此外,某些细菌能还原石蕊,使试管底部变为白色。

尿素是多数哺乳动物消化蛋白质后分泌在尿液中的废物。尿素酶能分解尿素释放出氨,这是一个分辨细菌很有用的鉴别实验。尽管许多微生物都能产生尿素酶,但它们利用尿素的速度比变形杆菌属的细菌要慢,因而尿素酶实验可用来从其他非发酵乳糖的肠道微生物中快速区分该属的成员。尿素琼脂含有尿素、葡萄糖和酚红,酚红在 pH 6.8 时为黄色,在培养过程中,产生尿素酶的细菌将分解尿素产生氨,使培养基的 pH 升高,当升至 8.4 时指示剂就转变为深粉红色。

三、实验器材

1. 菌种

枯草芽孢杆菌、大肠杆菌、金黄色葡萄球菌、铜绿假单胞菌和普通变形杆菌。

2. 培养基

固体油脂培养基、固体淀粉培养基、明胶培养基试管、石蕊牛奶试管和尿素琼脂试管。

3. 溶液和试剂

革兰氏染色用卢戈氏碘液等。

4. 仪器与用具

(1)仪器:恒温培养箱。

(2)用具:酒精灯,无菌平板,无菌试管和培养皿,接种环和接种针等。

四、实验步骤

（一）淀粉水解实验

1. 制平板

将固体淀粉培养基熔化后冷却至 50 ℃左右，无菌操作制成平板。

2. 接种

（1）用记号笔将平板底部划分为 4 个区，分别标上所要接种的菌名。

（2）用无菌操作技术将枯草芽孢杆菌、大肠杆菌、金黄色葡萄球菌和铜绿假单胞菌分别画线接种到平板的对应区域。

3. 培养与观察

（1）培养：将平板倒置在培养箱中，37 ℃恒温培养 24 h。

（2）观察：取出平板观察各种细菌的生长状况，再打开平板皿盖，滴加少量卢戈氏碘液于平板中，轻轻旋转平板，使碘液均匀铺满整个平板。

若菌苔周围出现无色透明圈，说明淀粉已被水解，为阳性；透明圈大小可判断该菌水解淀粉能力的强弱，或产生胞外淀粉酶活力的高低。

（二）油脂水解实验

1. 制平板

将熔化的固体油脂培养基冷却至 50 ℃左右时，充分摇荡，使油脂均匀分布，无菌操作制成平板。

2. 接种

（1）用记号笔将平板底部划分为 4 个区，分别标上所要接种的菌名。

（2）用无菌操作技术将枯草芽孢杆菌、大肠杆菌、金黄色葡萄球菌和铜绿假单胞菌分别画十字线接种到平板对应区域的中央。

3. 培养与观察

（1）培养：将平板倒置在培养箱中，37 ℃恒温培养 24 h。

（2）观察：取出平板，观察菌苔的颜色。

若菌苔出现红色斑点，说明脂肪被水解，为阳性反应。

（三）明胶水解实验

1. 接种

（1）取 3 支明胶培养基试管，用记号笔标注所要接种的菌名。

（2）用接种针进行穿刺接种（图 21-1），将枯草芽孢杆菌、大肠杆菌和金黄色葡萄球菌分别接种到对应的试管中。

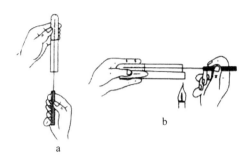

图 21-1　穿刺接种(垂直穿刺和水平穿刺)

2. 培养与观察

(1)培养:将接种后的试管在 20 ℃恒温培养 2～5 d。

(2)观察:取出试管,观察明胶的液化状况(图 21-2)。

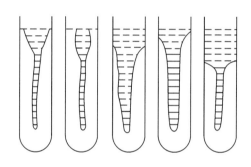

图 21-2　明胶穿刺液化的形态

(四)石蕊牛奶实验

1. 接种

(1)取 2 支石蕊牛奶明胶培养基,用记号笔分别标注所要接种的菌名。

(2)分别接种普通变形杆菌和金黄色葡萄球菌。

2. 培养与观察

(1)培养:将接种的试管在 35 ℃恒温培养 24～48 h。

(2)观察:取出试管,观察培养基的颜色变化。

石蕊在酸性条件下为粉红色,碱性条件下为紫色,而被还原时为白色。

(五)尿素实验

1. 接种

(1)取 2 支尿素培养基斜面试管,用记号笔分别标注所要接种的菌名。

(2)分别接种普通变形杆菌和金黄色葡萄球菌。

2. 培养与观察

(1)培养:将接种的试管在 35 ℃恒温培养 24～48 h。

(2)观察:取出试管,观察培养基的颜色变化。

在尿素酶存在时为红色,无尿素酶时为黄色。

五、实验报告

1. 实验结果

将大分子水解实验结果填入表 21-1,用"＋"表示阳性,"－"表示阴性。

2. 思考题

(1)若没有碘液,你能证明淀粉水解的存在吗?

(2)在石蕊牛奶中,石蕊为何能起氧化还原指示剂的作用?

表 21-1　大分子物质水解实验结果

菌名	淀粉水解实验	油脂水解实验	明胶水解实验	石蕊牛奶实验	尿素实验
枯草芽孢杆菌					
大肠杆菌					
金黄色葡萄球菌					
铜绿假单胞菌					
普通变形杆菌					

六、注意事项

1. 在接种前,须用记号笔做好标记,在接种时要认真检查,对号接种,以免接错菌种,造成混乱。

2. 要严格按照操作规程完成实验,在淀粉水解实验中,将卢戈氏碘液滴入平板中,应轻轻旋转平板,使碘液均匀铺满整个平板;在油脂水解实验中,制备固体油脂培养基时,应充分摇荡,使油脂呈现均匀分布。

实验 22　微生物的常规生理生化反应

一、目的要求

1. 学习细菌代谢活动中常见的生理生化反应及其原理。

2. 掌握细菌鉴定中主要生理生化反应的常规实验法及其操作要领。

二、实验原理

氧化酶实验:氧化酶在有氧气和细胞色素 C 存在时可氧化盐酸对氨基二甲基苯胺,使之呈玫瑰红到暗紫红色;此反应可检测待测菌是否具有细胞色素氧化酶。

过氧化氢酶实验:该酶能催化 H_2O_2 分解成 H_2O 和 O_2。

淀粉水解实验:淀粉是多糖,不能渗透到细菌细胞内;有些细菌能产生淀粉酶,分泌到细胞外,将淀粉分解成麦芽糖后进入细胞;淀粉遇碘呈现紫色,淀粉被细菌分泌的淀粉酶水解后,则菌苔周围出现无色透明圈,由此可确定待测菌株是否分泌淀粉酶。

葡萄糖氧化发酵实验:细菌能以氧化或发酵方式利用葡萄糖,糖代谢结果有酸产生,有些还产生气体。前者产酸慢且量少,后者产酸量多而快。利用含低有机氮的培养基,通过指示剂颜色的变化情况,可鉴别细菌是氧化性产酸还是发酵性产酸;在软琼脂柱中有无气体,可判别是否产气。

吲哚实验:有些细菌能分解胰蛋白胨中色氨酸产生吲哚,吲哚与 Kovac 氏试剂中的对二甲基氨基苯甲醛作用,形成红色的玫瑰吲哚。

甲基红实验(MR 实验):某些细菌在降解葡萄糖过程中产生丙酮酸,由此再分解产生甲酸、乙酸和乳酸等有机酸,使 pH 显著下降至 4.2 以下,滴加甲基红指示剂后,培养液由黄色转变为红色。

乙酰甲基甲醇实验(VP 实验):有些细菌能将糖代谢过程产生的丙酮酸脱羧形成乙酰甲基甲醇;在碱性条件下与空气中氧气反应生成二乙酰,二乙酰与肌酸或胍基化合物反应生成红色化合物,此为 VP 实验;实验中加入少量 α-萘酚可加速反应,显色明显。

利用柠檬酸盐实验:某些细菌能利用柠檬酸钠为碳源,分解后产生碱性化合物,使培养基呈碱性,添加溴麝香草酚蓝指示剂,可使培养基由绿色变成深蓝色。

产 H_2S 实验:许多细菌能分解有机硫化物产生 H_2S,H_2S 遇铅盐(或铁盐)形成黑色硫化铅(或硫化亚铁)沉淀物。

硝酸盐还原实验:某些细菌能将硝酸盐还原为亚硝酸盐、氨或氮气;加入格里斯氏试剂 A 液后,亚硝酸与对氨基苯磺酸反应生成重氮苯磺酸,与 α-萘胺(格氏试剂 B)结合成为红色 N-α-萘胺偶氮苯磺酸。

亚硝酸盐继续分解生成 NH_3 或 N_2。用格里斯氏试剂检查无 NO_3^- 存在,不一定无硝酸盐还原作用,须进一步检验。若有 NO_3^- 存在,滴加二苯胺试剂后,培养液呈现蓝色;若不呈现蓝色,则表示硝酸盐和新生成的亚硝酸盐都已还原成氨或氮气。氨与奈氏试剂反应,最终形成棕红色的碘化双汞氨。

三、实验器材

1. 菌种

假单胞菌和大肠杆菌试管斜面,培养 24～48 h(和 18～24 h)的荧光假单胞菌和大肠杆菌试管斜面,培养 18～24 h 的荧光假单胞菌、枯草芽孢杆菌、大肠杆菌和沙雷氏菌试管斜面。

2. 培养基

营养琼脂平板,淀粉肉胨琼脂平板,休和利夫森氏葡萄糖氧化发酵培养基,1％胰蛋白胨水培养基,葡萄糖蛋白胨水培养基,西蒙斯氏柠檬酸盐斜面培养基,蛋白胨胱氨酸培养基。

3. 试剂

1％盐酸对氨基二甲基苯胺水溶液,30％双氧水,卢戈氏碘液,Kovac 氏试剂,格里斯氏试剂、二苯胺试剂和奈氏试剂,乙醚,甲基红试剂,40％KOH 溶液,5％ α-萘酚乙醇溶液,5％～10％醋酸铅溶液,硝酸盐肉汤培养基(内有小导管)。

4. 仪器与用具

(1)仪器:恒温培养箱。

(2)用具:酒精灯、镊子、滤纸、吸水纸、载玻片、滴管、移液管、玻璃棒、比色瓷盘、培养皿和接种环等。

四、实验步骤

1. 氧化酶实验

(1)以无菌操作技术分别取各受检菌的斜面培养物少许,点种于营养琼脂平板上,35 ℃培养 18～24 h。

(2)在干净平皿里放一张滤纸,滴上 1％对氨基二甲基苯胺水溶液,仅使滤纸湿润即可。

(3)用玻璃棒刮取平板上的受检菌培养物,涂抹在湿润的滤纸上,观察结果。

(4)10 s 内菌苔或其边缘呈红色者为阳性,10～30 s 出现红色者为迟缓阳性,不呈现红色或 30 s 后呈现红色者属阴性。

2. 过氧化氢酶实验

取各受检菌的菌苔少许,涂于干净的载玻片上,在涂菌区滴 1 滴 30％双氧水,有气泡产生的为阳性,否则为阴性。

3. 淀粉水解实验

在淀粉肉胨琼脂平板上点种枯草芽孢杆菌,适宜温度下培养;待菌苔明显生长后,在平板表面滴加碘液。菌苔周围有透明圈的为阳性。

4. 葡萄糖氧化发酵实验

(1)取休和利夫森氏软琼脂培养基 10 支,做好记号。

(2)用接种针以无菌操作技术分别取各受检菌的斜面培养物少许,在软琼脂中穿刺接种,注意接种针不能碰到试管底;每个菌种各接 4 支,另外再取 2 支不接种作为空白对照。

(3)取接种管格 2 支、对照管 1 支,用灭菌过的凡士林油封盖(在培养基上加 1 cm 左右),作为闭管;其余管不封油,作为开管。

(4)全部试管置于 30~37 ℃恒温培养 1 d、3 d、7 d 后观察结果;如果仅开管的培养基变黄为氧化产酸,开管和闭管的培养基均变黄为发酵产酸;琼脂内产生气泡为产气。

5. 吲哚实验

(1)取胰蛋白胨水培养基试管 4 支,标记 E、B 各 2 管;另取 1 管为对照,标记 C。

(2)将大肠杆菌和枯草芽孢杆菌分别接入 E 管、B 管,30~37 ℃恒温培养 24 h。

(3)取出培养管,沿管壁缓慢加入 Kovac 氏试剂,使之在培养基表面厚 3~5 mm。在两液体的界面或界面以下呈现红色,为阳性反应;若呈色不明显,可加 4~5 滴乙醚并摇匀,使乙醚分散于培养液中,再静止片刻,待乙醚浮至液面后,再沿管壁缓慢加入试剂,观察结果。

6. 甲基红实验(MR 实验)

(1)将受检菌分别接种于葡萄糖蛋白胨水培养基试管,各 2 支,另取 1 支不接种为对照。

(2)37 ℃恒温培养 2~7 d。

(3)取培养液 0.5 ml,置于比色瓷盘小窝内,滴 1 滴甲基红试剂,呈红色为阳性。

7. 乙酰甲基甲醇实验(VP 实验)

(1)接种和培养与甲基红实验相同。

(2)取培养液 1 ml 注入试管内,加 0.6 ml α-萘酚乙醇溶液,再加 0.2 ml KOH 溶液,振荡摇匀。

(3)置于室温或温箱内 30 min 后观察,培养液呈红色或粉红色为阳性。

8. 利用柠檬酸盐实验

(1)用接种环挑取受检菌,画线接种于西蒙斯氏柠檬酸盐斜面上并穿刺,置于 30~37 ℃恒温培养 2~7 d。

(2)受检菌在斜面上或沿穿刺线生长,培养基变为深蓝色者为阳性,不能利用者培养基仍为绿色。

9. 产 H_2S 实验

将受检菌接种于蛋白胨胱氨酸培养基,用无菌镊子夹取 1 条醋酸铅滤纸,借助棉塞悬于培养基液面上,不接触液面;每个菌株 2 个重复,同时设置不接种的对照;30~37 ℃下培养,3 d、7 d、14 d 后观察,滤纸条变黑者为阳性,不变色者为阴性。

10. 硝酸盐还原实验

(1)将大肠杆菌和枯草芽孢杆菌分别接种于硝酸盐肉汤培养基中,各 2 个重复,另取 2 管不接种,作为对照。

(2)置于培养箱中,30～37 ℃恒温培养 1 d、3 d、5 d。

(3)取培养液 0.5 ml 置于比色瓷盘小窝内,滴加格里斯氏试剂 A 液、B 液各 1 滴,若产生红色、橙色、棕色等沉淀,说明有亚硝酸盐存在,为硝酸盐还原阳性;若颜色不变,再加 1～2 滴二苯胺试剂,此时若呈蓝色反应,说明培养液中仍具有硝酸盐,又无亚硝酸盐,为硝酸盐还原阴性;若不呈蓝色反应,再用奈氏试剂检验氨的存在,并检查小导管内有无气体。

五、实验报告

1. 实验结果

(1)将各供试菌常规生理生化实验的结果记录于表 22-1 中。

(2)分析讨论微生物生理生化反应的应用范畴与学术意义。

表 22-1　细菌的常规生理生化实验及其结果

实验名称	菌株名	结果
氧化酶实验	假单胞菌	
	大肠杆菌	
过氧化氢酶实验	荧光假单胞菌	
	大肠杆菌	
淀粉水解实验	枯草芽孢杆菌	
	大肠杆菌	
葡萄糖氧化发酵实验	大肠杆菌	
	荧光假单胞菌	
吲哚实验	大肠杆菌	
	枯草芽孢杆菌	
甲基红实验	大肠杆菌	
	枯草芽孢杆菌	
乙酰甲基甲醇实验	大肠杆菌	
	枯草芽孢杆菌	
利用柠檬酸盐实验	大肠杆菌	
	沙雷氏菌	
产 H_2S 实验	大肠杆菌	
	沙门氏菌	
硝酸盐还原实验	大肠杆菌	
	枯草芽孢杆菌	

2. 思考题

(1)哪些生理生化实验可用于区别大肠杆菌和产气杆菌？

(2)为什么做各项生理生化实验时需要设置空白对照？

六、注意事项

1. 盐酸对氨基二甲基苯胺水溶液容易氧化,应低温避光保存。

2. 不可用镍铬丝或铁丝取菌苔,以免产生氧化酶实验假阳性。

3. 滤纸或滤纸条上滴加的试剂要适量,过多或过少均会影响实验结果。

4. 在过氧化氢酶实验中,菌苔薄易呈现假阴性,可适当延长培养时间。

5. 在装有杜氏管的发酵培养基灭菌完毕后,须将灭菌锅的压力自然下降至"0",再打开排气阀取出;否则,杜氏管内可能留有气泡,会干扰实验结果的判断。

实验 23　鉴定细菌的微量、快速生化实验

一、目的要求

1. 熟悉鉴定细菌的微量、快速生化实验的基本原理。
2. 学习并掌握鉴定细菌的微量、快速生化实验的操作要领。

二、实验原理

微量、快速鉴定法是将预先吸附有各种生化底物的圆形滤纸片放在塑料反应板的圆孔内,再加入少量培养液和处于对数生长期的高浓度菌液($30\times10^8\sim40\times10^8$ 个/ml),在37 ℃恒温培养数小时后,细菌产生足够量的生化产物,出现反应结果;且其结果判断与常规法相同,多数实验可根据细菌生长后各培养液颜色的变化来判断。

相对于常规法,微量、快速鉴定法具有以下优点:(1)快速性,在数小时内就可观察结果。(2)准确性,与常规法的总符合率达 95％以上。(3)灵活性,可依据不同菌种鉴定的需要,制备含各种生化底物的圆形滤纸片;且制备好的滤纸片烘干后,将其装入塑料袋内或瓶内,在冰箱内保存 4～12 个月,室温避光也可保存 1.5 个月。

三、实验器材

1. 菌种

大肠杆菌、产气肠杆菌、普通变形杆菌。

2. 培养基

(1)糖发酵培养基:蛋白胨水 100 ml,1‰溴麝香草酚蓝 1 ml。

(2)丙二酸盐实验、柠檬酸盐实验、尿素分解实验:用 pH 6.8 溴麝香草酚蓝磷酸缓冲液。配制方法如下:将 0.07 mol/L 磷酸二氢钾溶液和 0.07 mol/L 磷酸氢二钾溶液等量混合,加水稀释 3 倍;每 100 ml 缓冲液中加入 1 ml 1‰麝香草酚蓝。

(3)吲哚产生、硫化氢产生、MR 反应和 VP 反应等实验:用蛋白胨水培养基,其成分是蛋白胨 10 g、NaCl 5 g、水 1000 ml。

上述培养基于 121 ℃下高压蒸汽灭菌 20 min。

3. 含生化底物滤纸片的制备

(1)含糖纸片:称取各种糖(醇)0.9 g,分别溶于 2 ml 蒸馏水中。

(2)含尿素纸片:称取尿素 1.5 g,溶于 2 ml 蒸馏水中。

(3)MR 反应和 VP 反应:称取葡萄糖 1.6 g,磷酸氢二钾 0.5 g,溶于 2 ml 蒸馏水中。

(4)丙二酸钠纸片:称取硫酸铵 0.2 g,丙二酸钠 0.3 g,溶于 2 ml 蒸馏水中,pH 调至 7.0。

(5)柠檬酸钠纸片:称取柠檬酸钠 0.7 g,硫酸镁 65 mg,溶于 2 ml 蒸馏水中。

(6)硫化氢实验用纸片:称取硫代硫酸钠 0.25 g,糊精 0.5 g,硫酸亚铁 80 mg,半胱氨酸 50 mg,2×牛肉膏蛋白胨培养液 2 ml,待各成分溶解后,pH 调至 7.4。

(7)苯丙氨酸纸片:称取 L-苯丙氨酸 0.25 g(或 DL-苯丙氨酸 0.5 g),溶于 2 ml 蒸馏水中。

上述各种溶液置于水浴中加热溶解,然后分别取 300 张无菌的圆形滤纸片(直径 6 mm)浸泡于各种溶液中,待充分吸附后,取出放在无菌培养皿(或瓷盘)中,置于 37 ℃恒温箱中干燥。干燥后,将含不同底物的滤纸片分别装入无菌的塑料袋中,扎紧袋口,置于冰箱中保存,备用。

四、实验步骤

1. 制备菌液

(1)将待检的菌株预先活化,接种于牛肉膏蛋白胨培养基斜面或平板上,37 ℃恒温培养 8～12 h。

(2)用无菌的生理盐水洗下斜面上的菌苔,制成含菌量为 $6 \times 10^{-10} \sim 6 \times 10^{-9}$ 的幼龄菌液;或从平板上挑取若干个单菌落于 3.5 ml 生理盐水中,制成菌悬液。

2. 反应板消毒

用 75% 乙醇消毒 4×12 孔有机玻璃或陶瓷 U 形反应板,每孔容量约 1 ml。

3. 标记菌名及生化实验项目

在反应板上注明各孔的生化实验项目,以及被检测的细菌名称。

4. 加滤纸片、培养液和菌液

(1)将含不同生化底物的圆形滤纸片放入相应标记的圆孔内。

(2)用无菌滴管分别吸取各种培养液,滴加到相应孔内,每孔内滴加 4 滴(约 0.5 ml);苯丙氨酸孔内加生理盐水 4 滴。

(3)于各孔内加菌液 1 滴(0.05~0.1 ml),其中在糖发酵孔内加少许熔化的石蜡,以观察发酵后是否产气(若产气,石蜡层会自培养基表面裂开)。

5. 培养

(1)将反应板放入装有少量水的有盖搪瓷盘中,以防止培养液被蒸发干。

(2)将搪瓷盘置于培养箱中,37 ℃恒温培养 4~8 h,取出反应板观察记录结果;个别迟缓反应可延长培养时间至 20 h,再观察记录结果。

6. 观察与记录

(1)糖发酵:若为黄色且石蜡层裂开,表明该菌能利用该糖产酸且产气,用"⊕"表示;若为黄色、石蜡层不裂开,表明只产酸不产气,用"＋"表示;若培养基保持原色,表示该糖不能被利用,用"－"表示。

(2)MR 反应、VP 反应、吲哚反应和苯丙氨酸脱氨酶实验:按常规方法加入相应试剂后观察结果。

五、实验报告

1. 实验结果

将微量生化实验结果记录于表 23-1 中。

表 23-1　微量生化实验结果记录

实验项目	大肠杆菌	产气肠杆菌	普通变形杆菌
葡萄糖			
蔗糖			
乳糖			
吲哚			
MR			

续表

实验项目	大肠杆菌	产气肠杆菌	普通变形杆菌
VP			
柠檬酸盐			
H_2S			
尿素分解			
苯丙氨酸脱氢酶			
丙二酸盐			

2. 思考题

(1)试分析微量生化实验的优缺点。

(2)微量生化实验为何能在短时间内呈现反应结果?

六、注意事项

1. 加各种成分于反应板的圆孔中时,要避免产生气泡。

2. 尿素分解和苯丙氨酸脱氨反应比较快速,2~4 h 就会出现结果,应及早观察;柠檬酸盐利用反应比较迟缓,大多要 8~12 h 才能完成。

3. VP 反应加入试剂后要充分混匀,最好用电吹风冷风在反应板上方 5~10 cm 处对着实验孔吹风 5 次,以加速反应。

第6章　微生物遗传学系列实验

微生物是遗传学研究的理想材料,主要具有以下优点:(1)微生物细胞多为单倍体,个体的性状表现有对应的基因型;(2)个体小,生活周期短,可在试管中大量培养,建立无性繁殖系,有利于低频率遗传重组现象的研究;(3)基因组小,突变型可用选择培养法筛选,有利于在分子水平上进行基因精细结构研究。

自 Watson 和 Crick 1953 年提出 DNA 双螺旋模型,遗传学研究已逐步深入到分子水平,可以利用分子手段对遗传性状进行直接分析。随着 DNA 半保留复制模型的提出、遗传密码的破译和质粒的发现,20 世纪 70 年代重组 DNA 技术和 DNA 测序技术的创立,80 年代 DNA 体外扩增技术(polymerase chain reaction,PCR)的发明,1990 年人类基因组计划的实施,分子遗传学的发展日新月异,目前其已成为生命科学中最有活力、最有发展潜力的研究领域。

本章安排 8 个实验,包括:微生物的诱发突变,营养缺陷型的筛选,细菌的转化实验,酵母菌的杂交实验,艾姆斯实验,质粒 DNA 的提取与纯化,细菌总 DNA 的制备,以及应用 PCR 技术鉴定细菌等。这些实验可使学生熟悉 DNA 重组技术的基本原理与意义,掌握分子遗传学实验的基本功,为将来从事相关的研究打好基础。

实验 24　微生物的诱发突变

一、实验目的

1. 学习并掌握紫外线诱发细菌突变的基本原理与操作方法。
2. 学习并掌握亚硝基胍诱发细菌突变的基本原理与操作方法。

二、实验原理

基因突变(mutation)可分为自发突变(spontaneous mutation)和诱发突变(induced mutation)。自发突变是指在没有添加诱变因素条件下所发生的突变,基因的突变率很低,一般

为 $10^{-8} \sim 10^{-6}$；诱发突变是指人为添加诱变因素（或诱变剂）所发生的突变，诱充因素可提高突变率，但不改变突变的类型。

许多物理因素、化学因素和生物因素都对微生物具有诱变作用。最典型的物理诱变剂是紫外线（UV，波长 $40 \sim 390$ nm），其中诱变效应最好的波长是 $200 \sim 300$ nm，因为 DNA 的紫外吸收峰为 260 nm。UV 的主要作用是使 DNA 双链间或同链上相邻两个胸腺嘧啶间形成二聚体，阻碍双链的解开和复制，从而引起基因突变，并呈现突变表型；但 UV 引起的 DNA 损伤可被光复活酶所修复，而该酶的激活需要可见光。因此，UV 诱变处理应在红光下进行，随后的培养也应在黑暗条件下进行。

亚硝基胍（NTG）是一种有效的化学诱变剂，在低致死率的情况下也有较强的诱变作用。NTG 的主要作用是引起 DNA 链中 GC→AT 的转换。NTG 也是一种致癌因子，操作时要特别小心，切勿与皮肤直接接触；容器也要用 1 mol/L NaOH 溶液浸泡，使残余的 NTG 完全分解后再清洗。

三、实验器材

1．实验材料

枯草芽孢杆菌 BF7658。

2．培养基

(1)淀粉培养基，配方参见附录 3。

(2)LB 培养基，配方参见附录 3。

3．溶液与试剂

亚硝基胍、碘液、无菌生理盐水和无菌水等。

4．仪器和用具

(1)仪器：普通显微镜、紫外线灯(15 W)、磁力搅拌器、台式离心机、振荡混合器、恒温培养箱和恒温摇床等。

(2)用具：无菌的玻璃涂棒、培养皿、试管、移液管(1 ml 和 5 ml)、三角瓶(150 ml，内装玻璃珠)和离心管。

四、实验步骤

(一)紫外线的诱变效应

1．菌悬液的制备

(1)取培养 48 h 生长丰满的枯草芽孢杆菌斜面 4～5 支，用 10 ml 的无菌生理盐水将菌苔洗下，倒入一支无菌大试管中；将试管在振动器上振荡 30 s，以打散菌块。

(2)将上述菌液离心(3000 r/min,10 min),弃上清液;用无菌生理盐水将菌体洗涤 2~3
次,制成菌悬液。

(3)用显微镜直接计数法,调整其细菌细胞浓度为 10^8 个/ml。

2.平板制作

将淀粉琼脂培养基融化,冷却至 50 ℃,倒平板 27 套,凝固待用。

3.紫外线诱变

(1)打开紫外灯开关,预热约 20 min,使紫外灯强度稳定。

(2)取直径 6 cm 的无菌平皿 2 套,分别标注照射时间后,加入上述菌悬液 3 ml,并放入
一根无菌搅拌棒或大头针。

(3)上述 2 套平皿先后置于磁力搅拌器上,打开皿盖,在距离为 30 cm、功率为 15 W 的
紫外灯下,分别搅拌照射 1 min 和 3 min;盖上皿盖,关闭紫外灯。照射计时从打开皿盖起,
至加盖为止。

4.稀释与涂平板

(1)稀释:采用 10 倍稀释法,将经照射的菌悬液加无菌水稀释成 10^{-1} 至 10^{-6}。

(2)涂平板:取 10^{-4}、10^{-5} 和 10^{-6} 三个稀释度涂平板,每个稀释度涂布 3 套,每套加稀释
菌液 0.1 ml,用无菌玻璃涂棒将菌液在平板的整个表面均匀涂开;设置对照,用未经紫外线
照射的菌液稀释涂平板。

5.培养

(1)将上述涂菌平板用用记号笔在其背面做好标记,注明 UV 照射时间和稀释度。

(2)将平板用黑布或黑纸包好,置于培养箱中,37 ℃恒温培养 48 h。

6.观察

(1)菌落计数:取出经培养的各组平板,分别统计菌落数(CFU);并计算 UV 处理后菌
液的菌落数,以及存活率或致死率。

$$存活率 = \frac{处理后每毫升 CFU}{对照每毫升 CFU} \times 100\%$$

$$致死率 = \frac{对照每毫升 CFU - 处理后每毫升 CFU}{对照每毫升 CFU} \times 100\%$$

(2)诱变效应:选取 CFU 为 5~6 个的处理后平板,分别向平板内滴加碘液数滴,在菌液
周围将出现透明圈;分别测量透明圈直径与菌落直径,并计算其比值(HC 比值)。与对照相
比较,说明诱变效应,并选取 HC 比值较大的菌落,转接到试管斜面上培养,可作复筛用。

(二)亚硝基胍的诱变效应

1.菌悬液的制备

(1)将供试菌斜面菌种用接种环挑取 1 环,接种到盛有 5 ml 淀粉琼脂培养基的试管中,

置于恒温摇床中,37 ℃振荡培养过夜。

(2)取 0.25 ml 过夜培养液,加到另一支盛有 5 ml 淀粉培养液的试管中,置于恒温摇床中,37 ℃振荡培养 6~7 h。

2. 平板制作

将淀粉琼脂培养基融化,冷却至 50 ℃,倒平板 10 套,凝固待用。

3. 涂平板

取 0.2 ml 上述菌液于 1 套淀粉琼脂培养基平板上,用无菌玻璃涂棒将菌液在平板的整个表面均匀涂开。

4. 诱变

(1)稀释:在上述平板稍靠边的一个点上放少许亚硝基胍结晶,再将平板倒置于培养箱中,37 ℃恒温培养 24 h。

(2)在放亚硝基胍的位置周围将出现抑菌圈(图 24-1)。

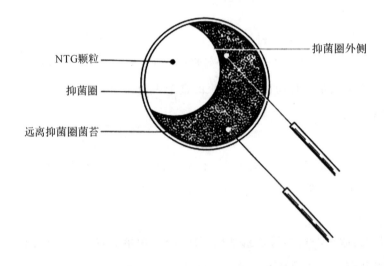

图 24-1 亚硝基胍的平板诱变

5. 增殖培养

(1)挑取紧靠抑菌圈外侧的少许菌苔(图 24-1),置于盛有 20 ml LB 培养基的三角烧瓶中,摇匀,制成处理后的菌悬液;同时挑取远离抑菌圈的少许菌苔,置于另一只盛有 20 ml LB 培养基的三角烧瓶中,摇匀,制成对照菌悬液。

(2)将上述两只三角烧瓶置于培养箱中,37 ℃恒温培养过夜。

6. 涂平板

(1)分别取上述两种培养过夜的菌悬液 0.1 ml,涂布淀粉琼脂平板。处理后菌悬液涂布 6 套,对照菌悬液涂布 3 套,并做好标记。

（2）涂布后的平板置于培养箱中，37 ℃恒温箱中培养 48 h。

7. 观察诱变效应

（1）选取 CFU 为 5～6 个的处理后平板，分别向平板内滴加碘液数滴，在菌液周围将出现透明圈；分别测量透明圈直径与菌落直径，并计算其比值（HC 比值）。

（2）与对照相比较，说明诱变效应，并选取 HC 比值较大的菌落，转接到试管斜面上培养，可作复筛用。

五、实验报告

1. 实验结果

（1）将 UV 诱变处理的结果记录于表 24-1 中。

表 24-1　紫外线诱变处理及其结果

10^{-4}	10^{-5}	10^{-6}	存活率/%	致死率/%
0（对照）				
1 min				
3 min				

（2）将诱变效应的观察结果记录于表 24-2 中。

表 24-2　UV 和 NTG 的诱变效应

	1	2	3	4	5	6
UV						
NTG						
对照						

2. 思考题

（1）用紫外线进行诱变处理时，为什么要在红光下操作，在黑暗环境下培养？

（2）用亚硝基胍进行诱变处理，是否也能计算致死率？为什么？如何设计实验才能计算亚硝基胍诱变的致死率？

（3）试比较紫外线和亚硝基胍诱变处理的异同。

六、注意事项

1. 紫外线的穿透力弱，照射处理时须打开皿盖；且要先开搅拌器，使菌悬液中的细胞能接触均等的照射。

2. UV 对眼睛及伤口等有伤害作用，操作者应戴眼罩等加以防护。

3. NTG 是一种致癌因子,操作时须戴口罩和橡皮手套,切勿吸入粉尘或与皮肤直接接触;所用器皿要用 1 mol/L NaOH 溶液浸泡,使残余的 NTG 完全分解后才能清洗。

4. 在 UV 诱变处理前和 NTG 平板诱变后,菌悬液的细胞浓度要控制好,否则难以获得单个分散的菌落。

5. 诱变处理的材料,一般要求是单核细胞或孢子的悬浮液,分布均匀,避免出现不纯的菌落;处于对数期的细胞,对诱变剂的反应最敏感。

实验 25　大肠杆菌营养缺陷型菌株的筛选

一、实验目的

1. 熟练运用依据菌株特征进行突变株筛选的基本技术。
2. 熟悉大肠杆菌营养缺陷型筛选的原理和方法。

二、实验原理

营养缺陷型(auxotrophic)是一种由野生型的某个基因突变,使其丧失了合成某种物质能力的突变株。该突变株在基本培养基上不能生长,只有补充相应的营养物质才能生长。

营养缺陷型具有重要的理论研究意义和实践应用价值。在生产实践中,可直接作为发酵生产氨基酸、核苷酸等中间代谢产物的生产菌株,也可作为杂交育种的亲本菌株;在科学实验中,可作为氨基酸、维生素或碱基等物质测定的实验菌株,也是研究代谢途径和转化、转导、细胞融合及基因工程等遗传现象不可缺少的标记菌种。

营养缺陷型筛选的基本步骤是:诱变→淘汰野生型→检出缺陷型→鉴定缺陷型。对于大肠杆菌,淘汰野生型多采用青霉素富集法(penicillin enrichment technique)。该法利用青霉素能杀死生长细胞,对不生长的细胞没有致死效应;在高浓度青霉素培养液中,野生型由于生长被杀死,缺陷型不能生长而得到浓缩保存。经过一定时间的培养后,离心除去青霉素,在残存细胞中可筛选到突变型菌株。

缺陷型的鉴定通常采用生长谱法(auxanography),其在含待测菌的基本培养基平板上添加某种营养物质,使其恢复生长,确定菌株的缺陷类型。该法快速简明,可在一个培养皿中检测缺陷型菌株对多种化合物的需要情况。另外,还有其他检测法,如夹层培养法(layer plating method)、限量补给法(limited enrichment)和影印培养法(replica planting)等。

三、实验器材

1．实验材料

大肠杆菌（*Escherichia coli*）K12 的野生型菌株 K12SF$^+$。

2．仪器与用具

(1)仪器:高压灭菌锅、恒温培养箱和磁力搅拌器。

(2)用具:无菌的培养皿(直径 6 cm)、三角瓶(150 ml)、吸管(1.5 ml)和离心管。

3．培养基的配制

(1)肉汤液体培养基:牛肉膏 0.5 g,蛋白胨 1 g,NaCl 0.5 g,蒸馏水 100 ml,pH 7.2, 1 kg/cm^2、121 ℃高压灭菌 15 min。

(2)肉汤液体培养基(ZE):牛肉膏 0.5 g,蛋白胨 1 g,NaCl 0.5 g,蒸馏水 50 ml, pH 7.2,1 kg/cm^2、121 ℃高压灭菌 15 min。

(3)基本液体培养基:Vogel 50×2 ml,葡萄糖 2 g,蒸馏水 98 ml,pH 7.0,0.6 kg/cm^2、112 ℃高压灭菌 30 min。

(4)基本固体培养基:琼脂 2 g,基本液体培养基 100 ml,pH 7.0,0.6 kg/cm^2、112 ℃高压灭菌 30 min。

(5)无 N 基本液体培养基:K$_2$HPO$_4$ 0.7 g(或 K$_2$HPO$_4$·3H$_2$O 0.92 g),KH$_2$PO$_4$ 0.3 g,柠檬酸钠·3H$_2$O 0.5 g,MgSO$_4$·7H$_2$O 0.01 g,葡萄糖 2 g,蒸馏水 100 ml,pH 7.0, 0.6 kg/cm^2、112 ℃高压灭菌 30 min。

(6)2N 基本液体培养基:K$_2$HPO$_4$ 0.7 g(或 K$_2$HPO$_4$·3H$_2$O 0.92 g),KH$_2$PO$_4$ 0.3 g, 柠檬酸钠·3H$_2$O 0.5 g,MgSO$_4$·7H$_2$O 0.01 g,(NH$_4$)$_2$SO$_4$ 0.2 g,葡萄糖 2 g,蒸馏水 100 ml,pH 7.0,在 0.6 kg/cm^2、112 ℃高压灭菌 30 min。

(7)混合氨基酸和核苷酸:氨基酸(包括核苷酸)分为 7 组,其中 6 组(1～6)每组有 6 种氨基酸或核苷酸,每种成分等量混合;第七组是脯氨酸,这种氨基酸易潮解,单独为一组(见表 25-1)。按表 25-1 中的氨基酸(核苷酸)组合,分别称取等量(100 mg)的各种氨基酸(核苷酸),置于干净的研钵中,在 70 ℃烘干数小时,待干燥后立即磨细,装入小玻管中,避光保存于干燥器中。

(8)混合碱基的制备:分别称取腺嘌呤、鸟嘌呤、次黄嘌呤、胸腺嘧啶和胞嘧啶各 50 mg, 混合后烘干磨细,保存备用。

(9)混合维生素的制备:分别称取硫胺素、核黄素、吡哆醇、维生素 C、泛酸、对氨基苯甲酸、叶酸和肌醇等各 50 mg,混合后烘干磨细,保存备用。

表 25-1 混合氨基酸分组

组号	添加的营养物质					
1	赖氨酸	精氨酸	甲硫氨酸	半胱氨酸	胱氨酸	嘌呤
2	组氨酸	精氨酸	苏氨酸	羟脯氨酸	甘氨酸	嘧啶
3	丙氨酸	甲硫氨酸	苏氨酸	羟脯氨酸	甘氨酸	丝氨酸
4	亮氨酸	半胱氨酸	谷氨酸	羟脯氨酸	异亮氨酸	缬氨酸
5	苯丙氨酸	胱氨酸	天冬氨酸	甘氨酸	异亮氨酸	酪氨酸
6	色氨酸	嘌呤	嘧啶	丝氨酸	缬氨酸	酪氨酸
7	脯氨酸					

(10)生理盐水:NaCl 0.85 g 溶于 100 ml 蒸馏水中,1 kg/cm²、121 ℃高压灭菌 15 min。

四、实验步骤

1. 菌液的制备

(1)在实验前 14~16 h,挑取少量 K12 SF⁺菌接种到盛有 5 ml 肉汤培养液的锥形瓶中,37 ℃培养过夜。

(2)次日,加新鲜肉汤培养液 5 ml 充分混匀,分装在 2 个锥形瓶中,37 ℃继续培养 5 h。

(3)将培养后的 2 份菌液分别倒入离心管中,3500 r/min 离心 10 min;弃上清液,加少量生理盐水,将沉淀吹打均匀,其中一管加 5 ml 生理盐水后倒入另一管中,合并为一管。

2. 紫外线诱变

(1)将制备好的菌液 3 ml 移到无菌的培养皿中(内有一磁力搅拌棒),打开紫外灯(15W)稳定 30 min;再将培养皿(加盖)放在紫外灯下 28.5 cm 处照射 1 min,以杀灭培养皿盖上的细菌。

(2)先开启磁力搅拌器,再打开培养皿盖,UV 照射 1 min;照射完毕,盖上培养皿盖,再关闭紫外灯。

(3)将 3 ml 加倍的肉汤培养液加到照射过的培养皿内,37 ℃避光培养 12 h 以上。

3. 淘汰野生型

(1)取一支无菌的离心管,加 5 ml 诱变过的菌液,3500 r/min 离心 10 min;弃上清液,加 5 ml 无菌生理盐水,将沉淀吹打均匀、再离心,重复 3 次;补加无菌生理盐水至 5 ml,制成菌悬液。

(2)将 0.1 ml 菌悬液转移到 5 ml 无 N 的基本培养液中,37 ℃连续培养 12 h。

(3)培养后,按 1:1 比例加入 2N 基本液体培养液 5 ml,并溶入青霉素钠盐,青霉素的终浓度为 1.000 U/ml,在 37 ℃继续培养 12 h、17 h、24 h 后,各取 0.1 ml 菌液到 2 个无菌的培养皿内,分别加入经融化、冷却至50℃左右的基本培养基和完全培养基,充分混匀后平放,待凝固后在培养皿上注明取样时间,37℃恒温培养36～48 h。

4.缺陷型检测

(1)对上述培养后的平板进行菌落计数,选取完全培养基上菌落数明显超过基本培养基的一组,用接种针挑取完全培养基上的菌落80个,依次点种到基本培养基平板和完全培养基平板上,37℃恒温培养12 h。

(2)培养后,选取基本培养基上不产生菌落而完全培养基上生长的细菌,挑取菌落在基本培养基的平板上画线,37℃恒温培养24 h后,不能生长的可确定是营养缺陷型候选菌株。

5.生长谱鉴定

(1)将缺陷型候选菌株的菌落接种到盛有5 ml肉汤培养液的离心管内,37℃恒温培养14～16 h。

(2)培养后,菌液3500 r/min离心10 min,弃上清液,加5 ml无菌生理盐水,再将沉淀吹打均匀后离心,重复3次,补加无菌生理盐水至5 ml,制成菌悬液。

(3)取2个无菌的培养皿,分别加入菌悬液1 ml,再加入经融化、冷却至约50℃的基本培养基,摇匀后平放;待培养基凝固后,在2个培养皿底面上等分为11个格,写好标签后,依次放入少量(约半粒芝麻大小)的9组混合氨基酸、1组混合碱基和1组混合维生素,于37℃恒温培养24～48 h,观察生长圈,确定营养缺陷型的种类。

五、实验报告

1.实验结果

(1)将UV诱变处理的结果记录于表25-2中。

表25-2　UV诱变处理结果记录

培养基	菌落数		
	12 h	16 h	24 h
完全培养基			
基本培养基			

(2)生长谱鉴定记录:记录本次实验所鉴定出的营养缺陷型菌株,并标出这些缺陷株的生长圈所在的区域。

2.思考题

(1)试说明大肠杆菌营养缺陷型的浓缩方法。

(2)总结细菌营养缺陷型菌株筛选的基本方法,并分析混合营养法的优缺点。

(3)若某突变体为两种氨基酸的"双缺",该如何确定其缺陷?

六、注意事项

1. 微生物的诱变方法很多,在实际工作中应根据诱变剂的特性,适当地调整诱变剂的剂量和处理程序。

2. 营养缺陷型的浓缩方法有多种,如青霉素富集法、菌丝过滤法、饥饿法和差别杀菌法,应根据微生物类型和实验目的选择使用。如霉菌和放线菌可采用菌丝过滤法,将经诱变处理的孢子悬浮在基本培养液中,振荡培养,其间再经过几次过滤,可使营养缺陷型得到浓缩。因为野生型孢子在基本培养液中能萌发,形成菌丝,经过滤后被去除。

3. 青霉素富集法是通过杀死生长细胞而富集突变型菌株,但细菌本身也具有营养成分,当大量野生型细菌死亡时,可改变基本培养液的组分,为突变型提供生长条件。因而,要求在基本培养液中被处理的细菌数小于 10^5 个/ml,以防止"交互营养"所导致的缺陷型生长。

实验 26　大肠杆菌的转化实验

一、实验目的

1. 理解原核生物基因转移和重组的主要途径。
2. 学习用质粒 DNA 转化大肠杆菌的原理和方法。

二、实验原理

转化(transformation)是指一种生物从周围介质中吸收来自另一种生物的遗传物质,并将其整合到自身的基因组中,使之获得新遗传性状的现象。转化是细菌遗传物质转移的一种形式,也是微生物遗传、分子遗传和基因工程的基本实验技术。

1928 年,Griffith 在肺炎双球菌(*Diplococcus pneumoniae*)中发现了转化现象,直到1944 年转化因子的本质才被 Avery 等所鉴定,这是证明遗传物质是 DNA 的第一个实验。细菌处于容易吸收外源 DNA 的状态称为感受态(competence),这种状态所吸附的 DNA 是稳定的。关于细菌转化的感受态存在着两种假设,即局部原生质化和酶受体假设。本实验采用菌株 *E. coli* K12 C600 作为受体,用低温和低渗的氯化钙处理受体细菌,再经短时的热休克,细胞呈现感受态,细胞膜的通透性改变,可促进转化因子 pBR322 的吸收,但这方面的机制尚有待于研究证实。

在一定条件下,将质粒 pBR322 与感受态的受体菌共同保温,质粒 DNA 分子能进入受体细胞,并在宿主细胞中复制和表达。由于 pBR322 中带有青霉素的抗性基因,在添加了氨基苄基青霉素的完全培养基上,可筛选出转化体。

三、实验说明

质粒 pBR322 携带着抗氨基苄基青霉素基因(Apr)和抗四环素基因(Tcr),而 $E.coli$ K12 C600对 Ap、Tc 是敏感的。把 pBR322 与 C600 混合一定时间后,pBR322 就能进入感受态的受体菌。带有质粒 pBR322 的受体菌具有抗 Ap、Tc 的特性,实现遗传物质的转移。这种被质粒所转化的受体细胞称为转化体。在筛选转化体时,将 pBR322 与 C600 的混合菌培养在含有 Ap、Tc 的完全培养基平板上。

经培养后,只有转化体才能生长,pBR322 不能生长,而 C600 不抗 Ap、Tc 被杀死。同时以 $E.coli$ C600、pBR322 作对照,分别涂布在含 Ap、Tc 的完全培养基上,如果培养基平板上都不出现菌落,只有混合菌的培养基平板上生长有菌落,此菌为转化体,表明实验所提取的质粒 pBR322 DNA 制品中具有生物活性的质粒 DNA。

四、实验器材

1. 实验材料

$E.coli$ K12 C600,质粒 DNA。

2. 仪器和用具

(1)仪器:恒温水浴、恒温摇床、离心沉淀器。

(2)用具:移液管、微量移液器、三角瓶、离心管(Eppendorf 管)、培养皿、试管。

3. 试剂与配方

(1)完全培养液(LB 液):蛋白胨 10 g,牛肉膏 5 g,NaCl 5 g;加蒸馏水 800 ml 溶解,用 1 mol/L NaOH 溶液调 pH 为 7.2~7.4,补加蒸馏水至 1000 ml。固体培养基加 2%琼脂,0.6 kg/cm²、112 ℃高压灭菌 30 min。

(2)SOB 培养基:酵母提取物 5 g,胰蛋白胨 20 g,NaCl 0.5 g,KCl(250 mmol/L)溶液 10ml,加水至 1000 ml,调 pH 为 7.0;0.6 kg/cm²、112 ℃高压灭菌 30 min。

(3)SOC 培养基:SOB+葡萄糖溶液(终浓度 20 mmol/L)。

(4)氨基苄基青霉素(Ap)液(20 mg/ml):称取 Ap(医用粉剂)20 mg,加无菌的蒸馏水 1 ml,临用时配制。

(5)氯化钙缓冲液(0.1 mol/L CaCl₂ · 2H₂O,0.25 mol/L KCl,5 mol/L MgCl₂ ·

$6H_2O$;5 mmol/L Tris-HCl,pH 7.6):称取 Tris 0.03025 g 溶解于 40 ml 蒸馏水,用 1 mol/L HCl 溶液调 pH 至 7.6,再将 0.735 g 氯化钙、0.931g 氯化钾、0.051 g 氯化镁逐一加入使之溶解,加蒸馏水定容至 50 ml。1 kg/cm², 121 ℃高压灭菌 15 min,4 ℃冰箱保存。

(6)氯化钠缓冲液(0.1 mol/L NaCl,5 mmol/L $MgCl_2 \cdot 6H_2O$,5 mmol/L Tris-HCl, pH 7.6):称取 Tris 0.03025 g 溶于 40 ml 蒸馏水,用 1 mol/L HCl 调 pH 至 7.6。再将 0.2925 g 氯化钠、0.051 g 氯化镁逐一加入,使之溶解,用蒸馏水定容至 50 ml。1 kg/cm²、121 ℃高压灭菌 15 min,4 ℃冰箱保存。

(7)1 mol/L HCl 溶液:取浓盐酸 0.84 ml,加蒸馏水至 10 ml。

(8)无菌的蒸馏水。

五、实验步骤

1. 感受态细胞的制备

(1)接种一环 *E. coli* K12 C600 于 5 ml 完全培养液中,37 ℃振荡培养 14 h。

(2)取 1.5 ml 转接在 25 ml 完全培养液中,37 ℃振荡培养 2～3 h,至 OD_{600} 等于 0.5 左右。

(3)取两支无菌离心管,各加入 10 ml 培养菌液。在 4 ℃,3500 r/min 离心 15 min,倾去上清液,用接种环把沉淀物搅拌匀。加 5 ml 预冷的氯化钠缓冲液,将两管合并为一管。

(4)在 4 ℃,3500 r/min 离心 15 min,倾去上清液,搅匀沉淀。

(5)加入冰浴预冷的氯化钙缓冲液 5 ml,冰浴保温 25 min。

(6)在 4 ℃,3500 r/min 离心 15 min,弃去上清液,搅匀沉淀。加 0.3～0.5 ml 冰浴预冷的氯化钙缓冲液制成感受态的细胞悬浮液。

2. DNA 转化

(1)吸取适量的待转化 DNA 样品,加入处于感受态的细胞液中,轻轻混合;并以只有感受态细胞、不加转化 DNA 作为对照。将上述两支 Eppendorf 管置于冰浴中 30 min。

(2)将冰浴中的样品管转移到 42 ℃水浴中,静置 90 s;迅速转移到冰浴中冷却 2～3 min。

(3)在每支样品管中加入 800 μL SOC 培养液,混匀后将所有样品小心转入无菌试管中,置于 37 ℃振荡 45 min,使细菌恢复正常生长。

3. 平板培养

(1)将上述转化细胞均匀涂布在含有相应抗生素和 $MgSO_4$ 的 SOB 平板上,并以涂布在不含抗生素的 SOB 平板为对照。

(2)将涂布后的平板倒置于恒温培养箱中,37 ℃恒温培养,时间不超过 20 h。

4. 观察与统计

观察转化和对照平板上菌落的生长情况,统计菌落数(表 26-1),并计算转化率。

六、实验报告

1. 实验结果

统计转化和对照平板上的菌落数,记录于表 26-1 中,并计算转化率。

转化率的计算公式为:

$$转化子总数 = 菌落数 \times 稀释倍数 \times 反应液体积$$

$$DNA 加入量(\mu g) = 转化反应液取样量 \times DNA 浓度$$

$$转化率 = \frac{转化子总数}{DNA 加入量(\mu g)}$$

表 26-1　大肠杆菌质粒 DNA 的转化

实验组别	菌落数		感受细胞		转化率/%
	含抗生素	不含抗生素	转化子数	DNA 量/μg	
转化组					
对照组					

2. 思考题

(1) 什么是感受态细胞? 制备时应注意哪些方面?

(2) 通过实验,试总结影响细菌转化效果的因素。

七、注意事项

1. 感受态细胞的制备需严格的无菌操作,且细胞尽可能保持低温状态。

2. 以氨基苄基青霉素为选择标记,涂布时的细胞密度不宜太高,每皿出现的菌落数不超过 10^4 个;细胞密度过大或培养时间过长,会导致出现对氨基苄基青霉素敏感的菌落。

3. 在转化时,加入 DNA 样品量要控制,通常以不超过感受态细胞的 5% 为宜。

实验 27　酿酒酵母的杂交实验

一、实验目的

1. 了解酿酒酵母的生活史及其基因的自由组合规律。

2. 掌握酵母菌杂交实验的基本原理和操作方法。

二、实验原理

酵母菌是常用的遗传学实验材料,在酿酒和食品工业中具有重要的应用价值。酿酒酵母($Saccharomyces\ cerevisiae$)以二倍体细胞为主,属于二倍体酵母。酵母菌的单倍体和二倍体细胞均能进行分裂。当酵母菌二倍体营养细胞处于特定条件下,可发生减数分裂,形成含有 4 个孢子的子囊。子囊孢子萌发,产生单倍体菌株,不同接合型(a 和 α)单倍体菌株的细胞接合,产生二倍体菌株。具有这种生活史的酵母菌为异宗配合型酵母。

酵母菌有 17 个连锁群($n=17$),a 和 α 是两种接合型,由第 3 连锁群着丝粒附近的一对等位基因 a 和 α 控制。在二倍体杂种细胞形成时,不同接合型的营养缺陷型菌株(单倍体)杂交,可能发生染色体重组,在子囊孢子中显示重组的表型。

三、实验器材

1. 实验材料

酿酒酵母($S.\ cerevisiae$)单倍体腺嘌呤缺陷型(ade⁻,a 接合型),单倍体组氨酸缺陷型(his⁻,α 接合型)。

2. 仪器和用具

(1)仪器:离心机、天平、恒温培养箱。

(2)用具:离心管、试管、培养皿(9 cm)、三角烧瓶(150 ml)、吸管(1.5 ml)、涂布玻棒、接种环和石英砂等。

3. 培养基及其配制

(1)完全培养基:蛋白胨 2 g,酵母浸出粉 1 g,葡萄糖 2 g,蒸馏水 100 ml,pH 6.0,112 ℃高压蒸汽灭菌 30 min;若配制成固体培养基,加 2%琼脂。

(2)基本培养液:葡萄糖 10 g,$(NH_4)_2SO_4$ 1 g,K_2HPO_4 0.125 g,KH_2PO_4 0.875 g,KI 母液(10 mg KI 溶于 100 ml 蒸馏水中)1 ml,$MgSO_4 \cdot 7H_2O$ 0.5 g,$CaCl_2 \cdot 2H_2O$ 0.1 g,NaCl 0.1 g,微量元素母液(H_3PO_4 1 mg,$ZnSO_4 \cdot 7H_2O$ 7 mg,$CuSO_4 \cdot 5H_2O$ 1 mg,$CoCl_2 \cdot 6H_2O$ 5 mg,加蒸馏水 100 ml 配成溶液)1 ml,维生素母液(烟碱酸 40 mg,维生素 B_1 40 mg,肌醇 200 mg,核黄素 20 mg,对氨基苯甲酸 20 mg,吡哆醇 40 mg,泛酸 40 mg,生物素 0.2 mg,加蒸馏水 100 ml 配成溶液)1 ml,蒸馏水 1000 ml,pH 5.3,112 ℃高压蒸汽灭菌 30 min;若配制成固体培养基,加 2%琼脂。

(3)产孢子培养基:CH_3COONa 8.2 g,KCl 1.86 g,吡哆醇母液(20 mg 吡哆醇/100 mL 水)1 ml,泛酸母液(20 mg 泛酸/100 mL 水)1 ml,生物素母液(2 mg 生物素/100 mL 水)

1 ml,蒸馏水 1000 ml,琼脂 20 g。

(4)补充培养基:① 固体基本培养基 100 ml＋组氨酸 3.5 mg;② 固体基本培养基 100 ml＋腺嘌呤 3.0 mg。

4. 其他药品

(1)生理盐水:NaCl 0.85 g 溶于 100 ml 蒸馏水中,121 ℃高压蒸汽灭菌 15 min。

(2)蜗牛酶。

四、实验步骤

1. 菌液的制备

将 ade⁻ 和 his⁻ 两个菌种各接种到 2 支制备成斜面的完全固体培养基试管中,30 ℃恒温培养 24 h。培养结束后,用 5 ml 生理盐水将一支 ade⁻ 斜面培养基上的酵母菌洗下来,倒入另一支 ade⁻ 斜面培养基中冲洗其中的酵母菌,倒入一支无菌离心管。同法洗掉 2 支 his⁻ 斜面培养基中的酵母菌,倒入另一支无菌离心管中。

2. 菌株杂交

(1)第 1 天:吸取两亲本的菌液各 0.5 ml,放入 5 ml 完全培养液中,30 ℃恒温静止培养 2 h;3000 r/min 离心 3 min 后,30 ℃恒温静止继续培养 30 min。培养结束后,弃去上清液,将离心管底的菌块打匀,再加入 6 ml 新鲜的完全培养液,30 ℃恒温培养过夜。

(2)第 2 天:将过夜培养物 3000 r/min 离心 3 min,弃上清液;再加入 6 ml 新鲜的完全培养液,离心洗涤 1 次,弃上清液,留下沉淀。再将离心管中的沉淀菌接种到产孢子的斜面培养基上,30 ℃恒温培养 2～3 d。

3. 杂交结果检验和基因型分析

在显微镜下杂交实验的结果,每个子囊中具有 4 个子囊孢子。根据子囊孢子的表现型分析,可推断其基因型。

(1)酵母菌子囊悬浊液制备

加基本培养液 2 ml 于长有子囊的斜面上,将上面的子囊用接种环刮下来,转移到无菌离心管中;55～60 ℃恒温水浴中加热 15 min,以杀死酵母菌营养体。3000 r/min 离心 3 min,弃上清液,补充生理盐水到原来体积,制成酵母菌子囊悬浊液。

(2)酵母菌子囊孢子悬浊液制备与培养

将酵母菌子囊悬浊液倒入消毒过的盛有石英砂的三角烧瓶中,振荡 5 min,使子囊孢子散出子囊外,形成子囊孢子悬浊液。吸取打散的子囊孢子悬浊液 0.1 ml,在完全培养基上涂布均匀(图 27-1),30 ℃恒温培养 48 h。

（3）影印培养和生长谱测定

以上述完全培养基上的培养物为原始培养物，依次在下列平板上进行影印操作（图 27-1）：①基本培养基；②腺嘌呤补充培养基；③组氨酸补充培养基；④完全培养基。影印操作完成后，将平板倒置于培养箱，30 ℃恒温培养 48 h；再进行杂交产物的生长谱鉴定。

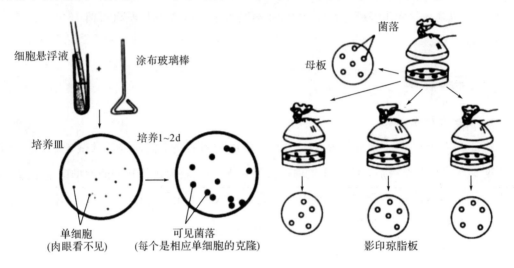

图 27-1　涂布培养与影印培养

第 1 天：从原始培养物的培养皿上挑取各个已初步鉴定的菌落，接种在固体完全培养基的斜面上；同时也接种在有 5 ml 完全培养液的离心管中，30 ℃恒温培养 48 h。

第 3 天：将上述培养的液体培养物 3000 r/min 离心 3 min，弃去上清液，将沉淀打匀；然后，再离心洗涤 3 次，最后的沉淀加生理盐水至原体积。吸取菌液 0.1 ml，转移到灭菌过的空培养皿中，向培养皿中倒入融化后冷却到 40～50 ℃的固体基本培养基，摇匀后静止凝固。每份培养物各 1 皿，将每个培养皿的底部划分 4 个格，其中 2 格放少量的组氨酸粉末，另 2 格放少量腺嘌呤粉末。最后，将这些培养皿在 30 ℃下恒温培养 48 h。

第 5 天：生长状况观察。营养缺陷型菌株只能在培养基上所需物质的周围生长；如果是双重营养缺陷型，则只能在两种物质都能扩散到的区域生长。

五、实验报告

1. 实验结果与分析

（1）将影印实验结果填写于表 27-1 中，用"＋"表示能生长，用"－"表示不能生长，并统计菌落数目。

表 27-1　影印实验的结果统计

基本培养基	腺嘌呤补充 培养基	组氨酸补充 培养基	完全培养基	单倍体 基因型
生长情况				
菌落数				

（2）将杂交产物的生长谱鉴定结果记录于表 27-2 中。

表 27-2　杂交实验的生长谱鉴定

培养皿编号	+ ade	+ his	单倍体基因型
1			
2			

（3）比较影印与生长谱鉴定的结果，分析结论是否一致。

2. 思考题

（1）酿酒酵母的 ade 和 his 基因分属于不同的连锁群，试预测 ade‾ 和 his‾ 杂交子代的表现型及其比例。

（2）什么是影印实验？试说明本实验中 4 组影印实验的作用。

（3）酿酒酵母的四分子与粗糙脉孢霉的四分子有何不同？

六、注意事项

1. 酵母菌在产孢子培养基上不会增殖，因而需要在产孢子培养基上接种足够多的细胞，以保障杂交形成的子囊数。

2. 用石英砂振荡，也能获得散出的子囊孢子；若用蜗牛酶处理子囊后，再用超声波处理，可使子囊孢子充分分散。蜗牛酶处理条件为 30～37 ℃，15～30 min。

实验 28　艾姆斯(Ames)实验

一、实验目的

1. 理解和掌握艾姆斯实验检测诱变剂和致癌剂的基本原理。

2. 学习艾姆斯实验法快速检测诱变剂和致癌剂的技术与方法。

二、实验原理

Ames 实验又称鼠伤寒沙门氏菌/哺乳动物微粒体实验,它是由 Bruce Ames 于 1975 年创建的一种快速检测环境物质致突变性的实验方法。其基本原理是:利用一系列鼠伤寒沙门氏菌的组氨酸营养缺陷型(his⁻)菌株,与被检测的物质接触后发生回复突变,以检测其诱变性;供试菌在缺乏组氨酸的培养基上不生长,而接触诱变剂发生回复突变,成为 his⁺,可在基本培养基上生长,并形成肉眼可见的菌落。因此,可在短时间内,根据回复突变的频率来判定被检测物是否具有诱变或致癌性能及其强弱程度。

有些被检物的致突变性需由哺乳动物肝脏细胞中的羟化酶系统活化方能显示,而原核细胞内缺乏该酶系统。因而,在实验过程可通过加入哺乳动物肝细胞匀浆中的微粒体,作为体外处理被检物的生理过渡,以提高被检物的阳性检测率及其准确性。

三、实验器材

1. 实验材料

(1)实验菌株:鼠伤寒沙门氏菌组氨酸缺陷型 TA98 和 TA100。

(2)对照菌株:鼠伤寒沙门氏菌组氨酸野生型 S-CK。

2. 仪器和用具

(1)仪器:振荡培养器、恒温水浴锅、紫外灯(15 W)、低温冰箱、显微镜、高压灭菌锅、组织匀浆器和高速离心机。

(2)用具:移液管(0.1 ml、1 ml、5 ml 和 10 ml)、试管、无菌吸管、培养皿、烧杯、无菌滤纸圆片(直径 4 mm)、5 ml 注射器、250 ml 血清瓶、解剖剪和镊子等。

3. 培养基

(1)底层培养基:葡萄糖 20 g,柠檬酸钠 2 g,$K_2HPO_4 \cdot 3H_2O$ 3.5 g,$MgSO_4 \cdot 7H_2O$ 0.2 g,优质琼脂 12 g,蒸馏水 1000 ml,pH 7.0;112 ℃高压灭菌20 min,需要量 1000 ml。

(2)上层培养基:NaCl 0.5 g,优质琼脂 0.6 g,加蒸馏水 90 ml,加热熔化后定容再加入 10 ml 组氨酸-生物素混合液,摇匀后分装到 80 支小试管,每支 3 ml;112 ℃高压灭菌20 min,需要量 250 ml。

(3)肉汤蛋白胨培养基:500 ml。

(4)肉汤蛋白胨培养液:50 ml,分装 10 支试管,每支 5 ml。

4. 试剂

(1)亚硝基胍(NTG):50 μg/ml、250 μg/ml 和 500 μg/ml,用甲酰胺 0.05 ml 助溶后,用 pH 6 的 0.1 mol/L 磷酸缓冲液配制。

(2)黄曲霉素 B_1：50 $\mu g/ml$ 和 5 $\mu g/ml$。

(3)生理盐水：150 ml。

(4)氯化钾溶液：0.15 mol/L 的 500 ml。

5. 鼠肝匀浆(S-9 上清液)

制备步骤：

(1)实验动物：选取成年健壮大白鼠 3 只，每只体重约 300 g。

(2)激活酶系：按 500 mg/kg 一次腹腔注射五氯联苯玉米油制成的溶液(质量浓度为 200 mg/ml)2.5 ml，以提高酶系活性。

(3)取肝洗涤：注射 5 d 后将 3 只大白鼠杀死，取肝脏(杀死前需禁食 24 h)，合并称重，用预冷的氯化钾溶液洗涤 3 次。

(4)匀浆离心：将洗净的肝剪碎，按 1 g 肝加氯化钾溶液 3 ml 于匀浆器中，经高速冷冻离心 9000 r/min、10 min，取出上清液(即为 S-9 上清液)备用。

(5)分装冷藏：将 S-9 上清液分装到安瓿管，每管 1～2 ml，经液氮速冻，置于 −20 ℃ 冷冻保存备用。

(6)取出使用：取出后，先室温下融化，并置于冰中冷却；再按下法配制 S-9 混合液。该液的配制需在低温(0～4 ℃)下采用无菌操作法完成，以免酶系失活与污染。

6. 鼠肝匀浆混合液(S-9 混合液)

制备步骤：

(1)磷酸缓冲液：0.2 mol/L pH 7.4 的磷酸缓冲液 100 ml，灭菌后备用。

(2)盐溶液：$MgCl_2$ 8.1 g，KCl 12.3 g，加水至 100 ml，灭菌后备用。

(3)NADP(辅酶Ⅱ)和 G-6-P(6-磷酸葡萄糖)使用液：100 ml 中含 NADP 297 mg，G-6-P 152 mg，磷酸缓冲液 50 ml，盐溶液 2 ml，加水至 100 ml；细菌过滤器除菌，经无菌实验后分装，每瓶 10 ml，−20 ℃ 冷冻保存备用。

(4)S-9 混合液：取 2 ml S-9 上清液和 10 ml 使用液(将低温保存的两种溶液在室温下融化后，现配现用)，混合后置于冰浴中，用后多余部分弃去。

四、实验步骤

(一)NTG 的诱变作用

1. 诱变作用的初检(点滴法)

(1)倒底层平板：倒底层培养基平板 12 皿，水平放置，凝固备用。

(2)制备含菌上层：融化上层培养基 12 支，置于 48 ℃ 水浴中保温；将在 37 ℃ 培养 17 h 的 TA98 和 TA100 两个菌株的菌液稀释 20 倍，各吸取 0.2 ml 菌液，滴入上层培养基试管，混匀后迅速倾入底层平板上，每个菌株 6 皿。

(3)放纸加样：待凝固后，于皿中央放 1 张圆滤纸片，分别加 50 $\mu g/ml$、250 $\mu g/ml$ 和 500 $\mu g/ml$ 的 NTG 各 0.2 ml 到滤纸片上，相当于每皿加 1 μg、5 μg 和 10 μg。

(4)培养与观察：在 37 ℃恒温培养 2 d 后观察结果。在滤纸圆片周围长出一圈密集可见的 His^+ 回复突变菌落，待测物为致突变阳性；没有或只有少数菌落，则待测物为致突变阴性。在密集区域外出现散在分布的大菌落是自发突变的结果，与待测物无关。

2. 突变频率的测定（平板渗入法）

(1)倒底层平板：倒底层培养基平板 12 皿，凝固备用。

(2)制备上层：融化上层培养基 12 支，48 ℃水浴中保温；分别吸取稀释 20 倍的菌液各 0.2 ml 和 NTG(50 $\mu g/ml$)0.1 ml，放入上层培养基试管中，混匀后迅速倾入底层平板上，每个菌株 2 皿；再分别吸取 0.2 ml 菌液放入上层试管中，混匀后迅速倾入底层平板上作为对照，每个菌株 2 皿。

(3)培养与观察：在 37 ℃恒温培养 2 d 后观察结果，并计算自发突变和诱发突变的回复突变率。诱发回复率超过自发回复率 2 倍以上，属于阳性；低于 2 倍，属于阴性。

(4)活菌计数：为计算突变频率，需再测定各菌液的活菌数目。将上述 2 个菌株的 20 倍稀释液再稀释至 10^{-5} 或 10^{-6}，各取 0.1 ml，与肉汤培养基混合倒平板，每个菌株 4 皿，37 ℃恒温培养 2 d 后计数。

(二)黄曲霉素 B_1 的诱变作用

1. 诱变作用的初检

(1)混合液制备：在测试前 1 周，先制备肝匀浆 S-9 和含有 G-6-P 与 NADP 的盐溶液(pH 7.4)，分别低温保存；实验前将两部分融化并配制成 S-9 混合液，置于冰浴中备用。

(2)倒底层平板：倒底层培养基平板 16 皿，水平放置，凝固备用。

(3)上层制备：融化上层培养基 16 支，置于 48 ℃水浴中保温；将在 37 ℃培养 17 h 的 TA98 和 TA100 两个菌株的菌液稀释 20 倍，各吸取 0.2 ml 菌液，滴入上层培养基试管，每个菌株 8 支，其中 4 支加 S-9 混合液各 0.2 ml，4 支不加；混匀后迅速倾入底层平板上(S-9 混合液加入后要立即倾入平皿，以免酶在 48 ℃失活)，待凝。

(4)放纸加样：待凝固后，于皿中央放 1 张圆滤纸片，取 2 皿加有 S-9 混合液和 2 皿不加的，分别加入 0.02 ml 的黄曲霉素 B_1(浓度为 60 $\mu g/ml$)。

(5)培养与观察：37 ℃恒温培养 2 d 后观察结果。

2. 突变频率的测定

(1)倒底层平板：倒底层培养基平板 16 皿，凝固备用。

(2)制备上层：融化上层培养基 16 支，48 ℃水浴中保温；分别吸取稀释 20 倍的菌液各

0.2 ml 放入上层培养基试管中,每个菌株 8 支,其中 4 支加 S-9 混合液 0.3 ml,另 4 支不加;分别取加 S-9 混合液和不加的各 2 支,加含有 5 μg/ml 的黄曲霉素 B_1 各 0.9 ml(每皿含黄曲霉素 B_1 为 1 μg),混匀后迅速倾入底层平板上;其余 4 支不加黄曲霉素 B_1,混匀后迅速倾入底层平板上作为对照。

(3)培养与观察:在 37 ℃恒温培养 2 d 后观察结果与计数。

(4)活菌计数:操作和测定与 NTG 的相同。

五、实验报告

1. 实验结果及分析

(1)将 NTG 和黄曲霉素 B_1 初检实验结果记录于表 28-1 和表 28-2 中,并根据实验结果做出评价。

表 28-1 NTG 初检实验结果

	50 μg/ml		250 μg/ml		500 μg/ml	
	1	2	1	2	1	2
TA98						
TA100						

表 28-2 黄曲霉素 B_1 初检实验结果

	加 S-9 混合液		不加 S-9 混合液	
	1	2	1	2
TA98				
TA100				

(2)将 NTG 和黄曲霉素 B_1 诱发回复突变的菌落计数结果记录于表 28-3 和表 28-4 中,并根据实验数据计算诱变效率和诱变率。计算公式如下:

$$诱变效率 = \frac{诱变处理每皿菌落数}{自发回复突变每皿菌落数}$$

$$诱变率 = \frac{诱变处理每皿菌落数}{测试液活菌数}$$

表 28-3 NTG 诱发回复突变的菌落计数结果

	加 NTG 菌落数/皿		不加 NTG 菌落数/皿		菌液活菌数	
	1	2	1	2	1	2
TA98						
TA100						

表 28-4　黄曲霉素 B_1 诱发回复突变的菌落计数结果

	加 S-9 混合液落数/皿		不加 S-9 混合液菌落数/皿		菌液活菌数	
	1	2	1	2	1	2
TA98						
TA100						

2. 思考题

(1)试说明 Ames 实验的理论依据和实践意义。

(2)试设计一个简明有效的测试程序,以确定某化妆品是否具有致突变性。

(3)若某种化合物对不同测试菌株的诱变初检结果不相同,该如何处理?

六、注意事项

1. 鼠伤寒沙门氏菌是一种条件致病菌,用过的器皿必须严格按照规范处理,通常用 5% 石炭酸溶液浸泡过夜或煮沸 10 min 以上,方可清洗;培养基及残余试剂也应煮沸后清理。

2. 倒底层培养基时,融化的培养基应冷却至 45 ℃左右,若温度过高,平板表面会出现水膜或微滴,造成上层滑动;通常,冷却过程可用恒温水浴保温,以保证培养基的温度均衡且不凝固。

3. 实验前要对供试菌株进行鉴定,确保供试菌株为纯培养,以提高实验结果的准确性。

4. NTG 和黄曲霉素 B_1 都是强诱变剂,操作时要戴口罩和橡胶手套,以免吸入或与皮肤直接接触;未知的待测物的测试操作也要注意防范。

5. 每次实验均须设置 3 组对照。设计自发回复突变对照,以判定待检物的诱变力,只有诱变效率大于 2,方能认定待测物是阳性;设置阴性对照,以判定待测液的阳性是否与配制样品的溶剂有关;设置阳性对照,其结果与待测物比较,以确定实验的敏感度和可靠性。

七、知识窗

1. 用于 Ames 实验的鼠伤寒沙门氏菌

Ames 实验采用一系列鼠伤寒沙门氏菌组氨酸缺陷型菌株,这些菌株不仅有组氨酸营养缺陷,还有其他的性能改变(见表 28-5)。(1)紫外修复系统缺失突变,使菌株丧失了 DNA 切除修复能力,可提高其检测的敏感性;(2)深粗糙突变 Rfa,可导致菌株细胞壁上脂多糖屏障缺失,一些有机大分子可渗入菌体;(3)菌体含有抗药 R 因子质粒,能延误 DNA 损伤的修复,促使被修复的前突变转变为真正的突变。另外,还有生物素营养缺陷等。因此,一种供试物对一种菌株可能表现致突变阳性,而对另一菌株也可能表现为阴性结果。本实验所用的 2 个菌株,其缺陷延伸到生物素基因,故在上层培养基中添加有微量的组氨酸和生物素,这使实验平板表面 His⁺ 回复突变菌落下有一层菌苔作为背景。

表 28-5　鼠伤寒沙门氏菌的遗传性状

菌株	His[1]	Rfa[2]	UVrB[3]	Bio[4]	R[5]	检测突变型
AT98	−	−	−	−	+	移码
AT100	−	−	−	−	+	置换
AT1535	−	−	−	−	−	置换
AT1537	−	−	−	−	−	移码
S-CK	+	+	+	+		无突变

注:"+"表示正常,"−"表示缺陷。1～5 分别代表组氨酸、脂肪糖屏障、紫外修复、生物素和耐药因子。

2. Ames 实验研究进展

Ames 实验的显著特点是实验时间短、成本低,能够对大量的污染物质进行系统的测试和评价;且不需要对混合物进行分离,可检测多种污染物混合后的致突变性。目前,Ames 实验已成为国际上公认的化学诱变检测的常规方法;且其操作逐步标准化,并形成了较为完整的数据库。

研究表明,污染物的致突变性与其对动物的致癌性具有较好的相关性,因而 Ames 实验在环境毒理学检测中发挥了重要作用。1992 年 Debnath 等研究了 188 种芳香烃类化合物的致突变性,结果显示,这类化合物的致突变性与分子的憎水性电子特性相关;对于喹啉类化合物,其致突变性与分子的电子亲和性或最低空轨道能量(LUMO)有良好的相关性。

实验 29　质粒 DNA 的提取与纯化

一、实验目的

1. 学习并掌握质粒 DNA 提取的原理和方法。
2. 熟悉琼脂糖凝胶电泳的操作要领。

二、实验原理

细菌质粒(plasmid)是双链、闭合环状 DNA,大小为 1～200 kb,质粒存在于细胞质中,是独立于染色体外自主复制的遗传成分,可持续稳定地处于游离状态,也可整合到染色体上,随染色体的复制而复制,并通过细胞分裂传递给子代。

质粒是携带外源基因进入细菌等宿主细胞的媒介物,是基因工程的运载工具。目前,有很多方法可用于质粒 DNA 的提取,其中碱裂解法的效果好,成本低。该法是依据共价闭合环状 DNA 与线性 DNA 在拓扑结构的差异来分离,在 pH 12～12.5 时,线性 DNA 完全变性,而环状 DNA 只是氢键断裂;若加入缓冲液恢复中性时,环状 DNA 迅速准确地复性,线性 DNA 聚合成网状结构,与变性的蛋白质和 RNA 一起沉淀。因而采用 SDS 碱裂解法,经高 pH 的阴离子洗涤,将质粒 DNA 释放到上清中,可通过离心分离。

琼脂糖凝胶电泳是分离、鉴定、纯化 DNA 片段的标准方法,该法操作简便,可以分辨不同分子质量大小、不同构型的 DNA 分子。若用低浓度的溴化乙啶染色,在紫外灯下可以确定 DNA 在凝胶中的位置。

三、实验器材

1. 实验材料

大肠杆菌 DH5α,携带有 pUC 19 质粒。

2. 仪器和用具

(1)仪器:恒温培养箱、恒温摇床、高压蒸汽灭菌锅、高速离心机、低温冰箱、凝胶电泳系统和紫外核酸检测仪等。

(2)用具:离心管(Eppendorf)、微量移液器。

3. 试剂配制

(1)溶液 I:50 mmol/L 葡萄糖,25 mmol/L Tris. HCl(pH 8.0),10 mmol/L EDTA(pH 8.0),4 ℃保存。

(2)溶液 II:0.2 mol/L NaOH,1% SDS。

(3)溶液 III:60 ml KAc,11.5 ml 冰醋酸,28.5 ml 水,pH 4.8,4 ℃保存。

(4)TE 缓冲液:10 mmol/L Tris. HCl(pH 8.0),1 mmol/L EDTA(pH 8.0)。

(5)胰 RNA 酶液:将 RNA 酶溶于 10 mmol/L Tris. HCl(pH 7.5),15 mmol/L NaCl 中,配制成浓度 10 mg/ml 的溶液,100 ℃加热 15 min,缓慢冷却至室温,−20 ℃保存。

(6)电泳缓冲液:242 g 50×TAE,57.1 ml Tris-base,1 ml 冰醋酸,100 ml 0.5 mol/L EDTA(pH 8.0),定容到 1000 ml。

(7)苯酚∶氯仿∶异戊醇为 25∶24∶1。

(8)溴化乙啶(EB):10 mg/ml。

(9)6×上样缓冲液:0.25%溴酚蓝,0.25%二甲苯青 FF,40%(m/V)蔗糖水溶液。

(10)DNA 相对分子质量标准。

(11)乙醇:无水乙醇和 70%乙醇。

四、实验步骤

1. 提取质粒

(1)从新鲜平板上挑取单菌落接种于 5 ml 含 Amp 的 LB 培养基上,180 r/min 37 ℃ 过夜培养;取 1.5 ml 菌液,室温下 12000 r/min 离心 1 min 收集细菌。

(2)弃上清后,加 100 μl 冰预冷的溶液 I,彻底振荡悬浮菌体;加 200 μl 溶液 II,立即上下颠倒混匀,然后冰上放置 5 min;再加 150 μl 冰预冷的溶液 III,颠倒混匀,置于冰上放 5 min;在室温下 12000 r/min 离心 5 min。

(3)将上清转移至新的 EP 管,加等体积苯酚/氯仿/异戊醇,颠倒混匀,冰上放置 5 min。室温下大于 12000 r/min 离心 5 min;再将上层水相转移至新的 EP 管,加 1/10 体积的 3 mol/L NaAc 溶液和 2 倍体积的无水乙醇溶液,室温下静置30 min,12000 r/min 离心 5 min。

(4)用 75% 乙醇溶液洗涤沉淀 2 次,彻底弃去乙醇,在室温下风干 20 min;然后溶于 40 μl含有 10 μg/mL RNaseA 的 TE(pH 8.0)中,65 ℃ 消化 30 min,取 1 μl 电泳检测。

2. 质粒的琼脂糖凝胶电泳

(1)准备凝胶:称取琼脂糖 2.0 g,小心加到 250 ml 烧杯的杯底,加 100 ml 电泳缓冲液,配制成 2.0% 的琼脂糖凝胶。在混匀后加热至沸腾,开始呈现白色浑浊,随后变为清澈时就可使用。

(2)检查电泳槽是否清洁,若不干净则用蒸馏水清洗并擦干,再用胶带将槽两端的口封闭;并将电泳梳子放在靠近胶槽的一端,注意梳子的底部不要接触到槽面。琼脂糖倾注凝固后,拔出梳子,留下的梳孔可以用于加入 DNA 样品。待凝胶冷却至 60 ℃ 时,加 EB 母液质量浓度为 0.5 μg/ml,轻轻摇匀,倒入胶槽中,确保凝胶中没有气泡。

(3)在凝胶凝固后,撕去胶带,将凝胶放置于电泳槽中,加入电泳缓冲液覆盖凝胶,静置 1～2 min,拔出梳子,缓冲液将填满梳孔;若梳孔中有气泡,用枪头轻轻赶走。

(4)加样与凝胶电泳:用微量移液器取 5 μl 质粒 DNA,与 2 μl 的 10× 上样缓冲液混合,混合液加入梳孔中,盖上电泳槽盖。连接电极,200 V 条件下电泳 5 min,让 DNA 样品汇集在梳孔壁处,接着用 75 V 电泳,可观察到蓝色和蓝绿色的两条染带,当第一条带迁移至凝胶的 2/3 处,第二条带迁移至凝胶的 1/3 处时停止电泳,时间约需 2～4 h。将凝胶放在紫外透射仪上观察,与 DNA 交联的溴化乙啶有橙色的荧光。

五、实验报告

1. 实验结果与分析

(1)通过照相或成像系统记录实验结果。

（2）参照你的电泳图，分析质粒 DNA 提取及检测的效果。

2. 思考题

（1）简述质粒 DNA 提取的原理与注意点。

（2）用碱裂解法提取质粒 DNA，哪些因素会影响 DNA 的产量和纯度？

六、注意事项

1. 拔出梳子须待凝胶完全凝固，否则在随后的电泳中样品会渗漏出梳孔。

2. DNA 分子带负电荷，正极应位于远离点样孔的一端。

实验 30　细菌总 DNA 的制备

一、实验目的

1. 学习常用细菌总 DNA 制备方法的原理与适用范围。

2. 掌握 CTAB 法提取细菌总 DNA 的操作要领。

二、实验原理

细菌基因组一般为 1～15 Mb，制备纯的高相对分子质量的 DNA 是进行细菌基因组分析、基因克隆和遗传转化等研究的基础。细菌总 DNA 制备方法很多，但都包括两个主要步骤：先裂解细胞，再采用化学法或酶法除去样品中的蛋白质、RNA 和多糖等大分子。

十六烷基三甲基溴化铵（CTAB）是一种阳离子去污剂，其可使细胞膜溶解，并与核酸形成复合物。在高离子强度的溶液中，CTAB-核酸复合物是可溶的。降低离子强度，复合物从溶液中沉淀，通过离心可与蛋白质和多糖类物质分开；再通过乙醇或异丙醇处理沉淀，溶解 DNA，除去 CTAB。

在 DNA 粗提物中，含有大量 RNA、蛋白质和多糖等，通常用饱和酚、氯仿和 RNase 除去。采用 CTAB 法提取细菌 DNA，操作简便，且获得的 DNA 纯度不是很高，但能满足限制性内切酶分析和 PCR 扩增的要求。

样品中的 DNA 浓度和纯度，可通过测量 DNA 溶液的 OD_{260} 和 OD_{280} 进行估算。纯 DNA 的 OD_{260}/OD_{280} 为 1.8，纯 RNA 的 OD_{260}/OD_{280} 为 2.0；若样品中被蛋白质或酚污染，OD_{260}/OD_{280} 会降低。用 1 cm 的石英比色杯测量时，样品中 DNA 浓度的估算公式如下：

$$DNA 浓度（\mu g/\mu L）= OD_{260} \times 0.063 - OD_{280} \times 0.036$$

三、器材与试剂

1．实验材料

大肠杆菌 HB101 菌株,枯草芽孢杆菌 BR151 菌株。

2．仪器和用具

(1)仪器:紫外分光光度计、旋涡振荡器、水浴锅、台式高速离心机、电热干燥箱和恒温摇床等。

(2)用具:试管、1.5 ml 离心管、微量移液器和枪头等。

3．溶液和试剂

(1)CTAB/NaCl 溶液:10％ CTAB/0.7 mol/L NaCl。

(2)20 mg/ml 蛋白酶 K。

(3)TE 缓冲液:10 mmol/L Tris-HCl,1 mmol/L EDTA,pH 8.0,含 20 μg/ml RNase。

(4)溶液Ⅳ:酚：氯仿：异戊醇＝25：24：1(体积比)。

(5)溶液 A:10 mmol/L Tris-HCl(pH 8.0),20％蔗糖(m/V),2.5 mg/ml 溶菌酶(新鲜配制)。

(6)SC 溶液:0.15 mol/L NaCl,0.01 mol/L 柠檬酸钠,pH 7.0。

(7)其他:氯仿：异戊醇(24：1,体积比),3 mol/L NaAc(pH 5.2),10％SDS(m/V),4 mol/L 和 5 mol/L NaCl,1 mg/ml 溴化乙啶(EB),饱和酚、异丙醇。

四、实验步骤

1．收集菌体

(1)活化菌株:挑取待测菌株的单菌落,接种于装有 5 ml 牛肉膏蛋白胨培养液的试管中,37 ℃振荡培养过夜(12～16 h)。

(2)收集菌体:吸取 1.5 ml 的过夜培养物于 1.5 ml 离心管中,12000 r/min 离心 20～30 s,弃上清,保留沉淀的菌体。

2．分离纯化 DNA

(1)在离心管中加入 567 μl 的 TE 缓冲液,在旋涡振荡器上强烈振荡使菌体重新悬浮,再加入 30 μl SDS 溶液和 3μl 蛋白酶 K,混匀,37 ℃温养 50～60 min。

(2)加入 100 μl 5 mol/L NaCl 溶液,充分混匀,再加入 80 μl CTAB/NaCl 溶液,充分混匀,65 ℃温养 10 min。

(3)加入等体积的溶液Ⅳ,盖紧管盖,轻柔地反复颠倒离心管,使两相完全混合,水浴 10 min。

（4）室温下 12000 r/min 离心 10 min，小心吸取上层水相转移上清至一个新离心管中。

（5）加入等体积的氯仿/异戊醇，混匀，12000 r/min 离心 5 min，小心吸取上层水相转移上清至一个新离心管中。

（6）加入 1/10 体积的醋酸钠溶液，混匀；再加 0.6 体积的异丙醇，混匀，此时可看到溶液中有絮状的 DNA 沉淀；用牙签挑出 DNA，转移到 1 ml 70％乙醇中洗涤。

（7）12000 r/min 离心 10 min；弃上清，可见 DNA 沉附于离心管壁上，用记号笔在管壁上标注 DNA 的位置，将离心管倒置在滤纸上，让残余的乙醇流出；室温下蒸发 10 min 或在 65 ℃干燥箱中干燥 2 min，以去除 DNA 样品中残余的乙醇。

3. DNA 质量检测

（1）用 50～100 μl 的 TE 缓冲液（含 20 μg/ml RNase）溶解 DNA，混匀，取 5 μl 进行琼脂糖凝胶电泳检测，剩余样品 4 ℃冰箱保存，备用。

（2）将 DNA 样品用 TE 缓冲液稀释后，用紫外分光光度计测量溶液的 OD_{260} 和 OD_{280}，依据测定结果，评价所制备总 DNA 的浓度和纯度。

五、实验报告

1. 结果与分析

（1）根据 OD_{260} 和 OD_{280}，检查你所制备的细菌总 DNA 的浓度和纯度。

（2）记录细菌总 DNA 电泳的结果。

2. 思考题

（1）试说明用 CTAB 法制备细菌总 DNA 的优缺点。

（2）若某 DNA 样品的 OD_{260}/OD_{280} 为 1.8，是否说明该 DNA 样品的纯度很高，为什么？

（3）除了用紫外吸收法测定 DNA 的浓度外，还有哪些测定方法？简要说明它们的原理。

（4）试分析细菌总 DNA 和质粒 DNA 制备方法的异同。

六、注意事项

1. 苯酚对皮肤、黏膜有强烈的腐蚀作用，操作时需戴橡胶手套；若皮肤沾染上苯酚，要用清水迅速冲洗，不能用肥皂。

2. 沉淀的菌体重新悬浮要充分，细菌的裂解要彻底，以保障基因组 DNA 能充分释放。

3. 细菌裂解后的操作要轻柔，如采用颠倒混匀，切勿剧烈振荡，以防细菌基因组 DNA 断裂成碎片。

4. 样品提取和纯化过程的残液，如苯酚、乙醇，须抽提干净或挥发完全，以免影响后续的处理过程和 DNA 分析。

5. 在离心沉淀 DNA 时,离心管盖柄朝外侧,使离心结束后,样品 DNA 都沉淀在离心管底部的同一侧。

实验 31　应用 PCR 技术鉴定细菌

一、实验目的

1. 学习并掌握微生物 DNA 分子鉴定的原理和方法。
2. 掌握 PCR 扩增仪的编程和使用。

二、实验原理

随着分子生物学的快速发展,微生物的鉴定方法与技术也得到了相应的丰富。聚合酶链反应(polymerase chain reaction,PCR)是 20 世纪 80 年代发展起来的一种体外核酸扩增系统。PCR 以欲扩增的 DNA 为模板,与模板正链和负链互补的两种寡聚核苷酸为引物,经模板 DNA 变性、模板与引物结合(复性)和在 DNA 聚合酶作用下发生引物链的延伸,从而扩增 2 个引物间的 DNA 片段,且 DNA 的数量以 2^n 指数形式积累。PCR 技术具有快速、灵敏、操作简便等优点,对分子生物学和遗传学产生了巨大影响,在基因组学、考古学和法医学等方面也有广泛的应用。

PCR 技术是将生物体内的 DNA 复制过程在体外进行;PCR 扩增要求一个模板、一对寡聚核苷酸引物、4 种脱氧核苷酸(dNTP)、Mg^{2+} 和热稳定 DNA 聚合酶。在 PCR 循环过程中有三种事件:(1)变性(denature),目的双链 DNA 片段在 94 ℃下解链,形成两条单链;(2)退火(anneal),两种寡聚核苷酸引物在适当温度(如 50 ℃)下与模板上目的序列配对;(3)延伸(extension),在有热稳定 DNA 聚合酶和 Mg^{2+} 存在时,从引物的 3'端开始,合成与模板互补的 DNA 链。从理论上讲,每个循环将使目的 DNA 增加 1 倍,新形成的 DNA 又可参与下一轮循环,经过 25～35 个循环,DNA 可扩增 10^6～10^9 倍。

在微生物菌种鉴定中,PCR 技术的应用有:(1)DNA 指纹图谱分析,包括随机扩增多态性 DNA(RAPD)、扩增 rDNA 限制性片段分析(ARDRA)和扩增片段长度多态性(AFLP)等;(2)16S 或 18S rRNA 的序列检测。根据假单胞菌 16S rDNA 序列的系统发育数据,Spiker 等设计出能在种级水平上准确地鉴定假单胞菌的特异性引物,以及 PCR 程序。

三、实验器材

1. 菌种

铜绿假单胞菌(模式菌株)、假单胞菌(待测菌株)。

2. 仪器和用具

(1)仪器:冷冻离心机、台式离心机、水浴锅、PCR 仪、恒温摇床和凝胶电泳系统等。

(2)用具:微量移液器、枪头、离心管和一次性手套等。

3. 试剂配制

(1)10×PCR 缓冲液:10 mmol/L Tris-HCl(pH 7.5～9.3),50 mmol/L KCl,1.5 mmol/L MgCl$_2$。

(2)4×dNTP:0.6 mmol/L dATP、dCTP、dGTP 和 dTTP。

(3)Taq DNA 酶:10 U/μL。

(4)引物溶液浓度:20 pmol/μL。

(5)其他试剂:无菌的 ddH$_2$O、琼脂糖、溴酚蓝等。

四、实验步骤

1. 细菌染色体 DNA 的制备

(1)菌种培养:从平板单菌落或斜面上挑取少许菌苔,接种到新鲜的营养肉汤培养液中,置于恒温摇床中,37 ℃振荡(250 r/min)培养过夜;再将培养液转接到新鲜 LB 培养液中,继续振荡培养 12～16 h。

(2)染色体 DNA 的制备:操作步骤详见实验30。

(3)样品 DNA 的质检:用紫外吸收法,其操作详见实验30。

(4)将样品 DNA 溶于无离子水,用于 PCR。

2. PCR 扩增

(1)引物:根据已鉴定假单胞菌和铜绿假单胞菌,合成相应的引物。

①假单胞菌

引物:PA-GS-F 5'-GACGGGTGAGTAATGCCA-3'

　　　PA-GS-R 5'-CACTGGTGTTCCTTCCTATA-3'

②铜绿假单胞菌属

引物:PA-GS-F 5'-GGGGGATCTTCGGACCTCA-3'

　　　PA-GS-R 5'-TCCTTAGAGTGCCCACCCG-3'

（2）PCR 扩增

①配制反应体系

在冰浴中，在 0.2 ml PCR 管内配制 25 μL 反应体系。

10×PCR 缓冲液 2.0 μL，10×4 种 dNTP(0.6 mmol/L)8.5 μL，引物 1(20 pmol/L)2.0 μl 和引物 2(20 pmol/L)1 μL，DNA 模板 0.5 μL，Taq DNA 酶 1.0 μL，加无菌的 ddH$_2$O 至 25 μL，各种试剂加入后，用手指轻弹反应管数次，使其充分混匀。

②PCR 反应条件

95 ℃ 5 min，94 ℃ 30 s，58 ℃ 30 s(鉴定假单胞菌属的退火温度为 54 ℃)，72 ℃ 60 s。共 30 个循环，最后一个循环的延伸时间为 5 min。

③PCR 扩增

将待扩增的样品管置于 PCR 仪的样孔内，使离心管的外壁与 PCR 样孔充分接触，盖好盖子；按 Start 键，启动 PCR 仪，进行扩增。反应结束后，取出 PCR 反应管，检测其产物。

3. PCR 的电泳检测

(1)琼脂糖凝胶的制备：操作过程详见实验 29。

(2)上样：吸取 2～5 μL 扩增产物于 0.5 ml 离心管中，加适量上样缓冲液(按 6∶1)，混合后，再将混合物全部吸取，小心地加到琼脂糖凝胶样孔内。

(3)电泳：打开电源并调节电压，电泳开始时可将电压稍调高(约 8 V/cm)；待样品完全离开样孔后，将电压调至 1～5 V/cm，继续电泳。

(4)结果观察：待溴酚蓝颜色迁移到凝胶约 2/3 处时，关闭电源；戴上一次性手套，取出凝胶，置于观察仪上，打开紫外灯观察凝胶上的 DNA 带，照相或记录电泳结果。

五、实验报告

1. 实验结果与分析

(1)在紫外灯下观察琼脂糖凝胶电泳的结果，并照相或记录电泳结果。

(2)比较待检菌株假单胞菌与模式菌株铜绿假单胞菌 PCR 产物的异同。

2. 思考题

(1)在 PCR 反应条件正常的情况下，有的引物在 PCR 扩增后琼脂糖凝胶上观察不到 DNA 带，为什么？

(2)在 PCR 扩增后，琼脂糖凝胶上有时呈现弥散状的多条带，试分析这种现象的原因。

(3)PCR 反应的特异性有哪些表现？哪些因素影响 PCR 反应的特异性？

六、注意事项

1. PCR 反应必须在没有 DNA 和 DNase 污染的条件下进行，操作要简单、快速；在配制试剂时应戴一次性手套,所用器皿与吸头必须是一次性的。

2. PCR 试剂配制应使用高质量的新鲜双蒸水,采用 0.22 μm 滤膜过滤除菌或高压灭菌;试剂应采用大体积配制,以保障实验的重复性和连续性。

3. 模板 DNA 的浓度与纯度影响 PCR 反应结果,但过高会出现非特异性产物和拖尾现象,不利于实验结果观察。

4. 引物浓度与限制酶浓度要适当,太低影响扩增速率;太高不仅增加实验费用,还可能导致非特异性扩增。

5. 引物的特异性要强,鉴定菌种所用的引物要有严格的排他性,确定前需要进行大量的数据分析和预实验。

6. PCR 反应的温度与时间要根据引物的 GC 比、碱基数和所扩增目的片段的长度等确定,尤其是复性温度与时间。

第7章　菌种保藏

在生产实践和科学研究中所获得的优良菌种是国家和社会的重要资源,为了能长期地保持原种的属性,防止其衰退和死亡,人们创造了许多菌种保藏的方法,并建立了系统的管理制度,从而使菌种不死、不衰、不乱,以利于使用和交换。

菌种保藏是指将微生物菌种处于不死亡、不变异、不被杂菌污染状态,并持续保持其优良性状,这是所有的微生物研究工作可持续、再深化的前提基础。基于菌种的各种变异都是在微生物的生长繁殖过程中发生的,要防止菌种的衰退,所保藏的菌种通常选择它们的休眠体,如孢子、芽孢等,且要营造一个低温、干燥、缺氧和缺少营养等的不良环境,以利于休眠体能够保持其休眠状态。对于不产孢子的微生物,也可使其代谢处于最低水平,从而使其既不会死亡,又能保藏较长的时间。

目前,菌种保藏的方法很多,主要有传代培养保藏法、液状石蜡覆盖保藏法、沙土保藏法、超低温冷冻保藏法和冷冻干燥保藏法等。

实验 32　菌种的简易保藏法

一、目的要求

1. 学习和掌握菌种简易保藏法的基本原理,熟悉不同保藏方法间的差异。
2. 熟悉微生物菌种常用的简易保藏法。

二、实验原理

所有微生物都很容易变性,只有当微生物的代谢处于最不活跃状态或相对静止状态时,才能延长其生活期。低温、干燥和隔绝空气等是降低微生物代谢水平的重要因素,也是菌种保藏方法的控制要素。目前菌种保藏的方法很多,其中常用的简易方法主要有传代培养保藏法、液状石蜡覆盖保藏法以及沙土保藏法等,这些方法不需要特殊的技术和设备,是一般实验室通常采用的方法。

传代培养保藏法最早使用,也最为简单,对好养菌可用斜面培养,对厌氧菌可用穿刺培养,置于 4 ℃冰箱中保存;可定期(15~30 d)再传代、保存。液状石蜡覆盖保藏法在上述传代培养物上覆盖 1 cm 灭菌过的液状石蜡,再放到厌氧箱培养,以减少水分蒸发和氧气进入,降低代谢作用。沙土保藏法将微生物吸附在土壤、沙子等载体上,随后进行干燥,以去除水分、降低细胞的代谢速率。

三、实验器材

1. 菌种

细菌、放线菌、酵母菌和霉菌。

2. 培养基及其他材料

(1)培养基:牛肉膏蛋白胨培养基、PDA 培养基和豆芽汁培养基。

(2)其他材料:无菌水、液状石蜡、甘油、10%盐酸、河沙和黄土等。

3. 仪器与用具

(1)仪器:冰箱和低温冰箱。

(2)用具:无菌培养皿、移液管与试管、三角瓶、接种环、40 目筛子等。

四、实验步骤

(一)斜面低温保藏法

1. 粘贴标签:先在将要接种保藏的试管斜面上贴标签,注明菌种或菌株名、接种日期和接种人等。

2. 接种培养:将菌种接种于固体培养基斜面上,置于适宜的温度下培养;细菌 37 ℃恒温培养 18~24 h,酵母 28~30 ℃培养 36~48 h,放线菌和丝状真菌 28 ℃培养 4~7 d。

3. 保藏:将试管斜面外包牛皮纸,移到 4 ℃冰箱中保存;保藏时间依微生物的种类而不同,霉菌、放线菌和有芽孢的细菌可保存 2~4 个月,酵母菌可保存 2 个月,无芽孢细菌每月接种 1 次。

(二)液状石蜡保藏法

1. 石蜡灭菌:将液状石蜡装入三角瓶中,装量不超过总体积的 1/3,加塞、外包牛皮纸、捆扎,高压灭菌(121 ℃)30 min。

2. 接种培养:将菌种接种于固体培养基斜面上,在适宜温度下培养使其生长;选择生长良好的菌株用于保藏。

3. 加液体石蜡:用无菌吸管取液状石蜡注入斜面,用量为高出斜面顶端 1 cm。

4. 保藏:保持试管直立,置于 4 ℃冰箱中保存。

此法保存效果较好,霉菌、放线菌和有芽孢的细菌可保存 2 年以上,酵母菌可保存 1～2 年,无芽孢细菌也可保存 1 年。

（三）沙土保藏法

1．河沙处理

(1)将河沙加入适量 10% 盐酸溶液浸泡,去除有机杂质。

(2)倒去盐酸溶液,用自来水冲洗至中性,烘干。

(3)再用 40 目筛子过筛,去除粗颗粒,备用。

2．土壤处理

取非耕作层不含腐殖质的黄土或红土,加自来水浸泡并洗涤数次,直至中性,烘干后研碎,100 目筛子过筛,留下细颗粒。

3．沙土混合

(1)将河沙与土壤按 2:1、3:1 或 4:1 的比例混合,均匀后装入 10 mm×100 mm 的小试管或安瓿管中,每管装量为 1 g 左右。

(2)塞上棉塞,灭菌(常采用间歇灭菌 2～3 次),最后烘干。

4．无菌检查

(1)每 10 支沙土管随机抽取 1 支,将其沙土倒入肉汤培养基中,30 ℃培养 40 h,检查有无微生物生长。

(2)若有微生物生长,则需将所有沙土重新灭菌,直至证明无菌方可使用。

5．菌悬液的制备

取活跃生长的新鲜斜面菌种,加入 2～3 ml 无菌水,用接种环轻轻将其菌苔洗下,制成菌悬液。

6．分装样品

每支沙土管先注明标记,再加入菌悬液 0.5 ml(使沙土刚刚湿润为宜),用接种环拌匀。

7．干燥与保存

(1)将接种后的沙土管置于干燥器内,用真空泵抽干水分。

(2)用火焰熔封管口,也可用橡皮塞或棉塞,再外包牛皮纸,置于 4 ℃冰箱中保存。

此法多用于能产生芽孢的细菌、产生孢子的霉菌和放线菌,可保存 2 年左右。

五、实验报告

1．实验结果

完成 1～2 种微生物菌种保藏方法的操作过程。

2. 思考题

(1)实验室常用的大肠杆菌宜用哪种方法保藏？为什么？

(2)芽孢杆菌和产孢子的微生物常用哪种方法保藏？为什么？

(3)为防止菌种管棉塞受潮、长杂菌，可采取哪些措施？

六、注意事项

1. 用于保藏的菌种应选择健壮的细胞或成熟的孢子，不宜用幼嫩或衰老的细胞。

2. 液状石蜡和甘油的黏度大，最好能反复灭菌2～3次后再使用，以保证其无菌。

3. 从液状石蜡保藏管中挑取培养物接种时，接种环要在管壁上轻轻碰几下，尽量使液状石蜡滴净，再接种到新鲜培养基上；且接种环在火焰上灼烧时，培养物易与残留的液状石蜡一起飞溅，须特别注意。

实验 33　菌种的冷冻真空干燥保藏法

一、目的要求

1. 学习和掌握冷冻真空干燥保藏法的基本原理及其优缺点。

2. 熟悉冷冻真空干燥保藏法的操作流程。

二、实验原理

低温、干燥和隔绝空气是降低微生物代谢水平的三要素，也是菌种保藏方法的控制要素。冷冻真空干燥保藏法不仅具备上述三要素，还添加保护剂，使微生物的代谢几乎处于静止状态；其已成为目前最有效的菌种保藏方法，具有保藏菌种范围广、保藏时间长、存活率高等特点。

冷冻真空干燥保藏法的主要操作：①将待保藏菌种的细胞或孢子悬浮于保护剂中；②在低温（−70 ℃）下将细胞快速冻结；③在减压下利用升华现象，除去大部分的水。其中的关键操作要在冷冻真空干燥装置中完成，且冻干过程要防止水蒸气进入真空泵，在放置安瓿管的容器与真空泵之间需要安装冷凝器，设备比较复杂，操作也较烦琐。

三、实验器材

1. 菌种

细菌、放线菌、酵母菌和霉菌。

2. 培养基及其他材料

(1)培养基:牛肉膏蛋白胨培养基、PDA 培养基和豆芽汁培养基。

(2)其他材料:无菌水、液状石蜡和甘油,2%盐酸,脱脂牛奶等。

3. 仪器与用具

(1)仪器:真空冷冻干燥箱。

(2)用具:无菌培养皿、移液管与试管,安瓿管,100 目筛子等。

四、实验步骤

1. 冻干管准备

(1)选择中性硬质玻璃,内径约 5 mm、长约 15 cm,冻干管的洗涤按照新购玻璃品洗净,烘干后塞上棉花。

(2)将保藏编号、日期等打印在纸上,剪成小条装入冻干管;121 ℃灭菌 30 min。

2. 菌种培养

将要保藏的菌种接入斜面培养,产芽孢的细菌培养至芽孢从菌体脱落,产孢子的放线菌、霉菌培养至孢子丰满。

3. 保护剂的配制

(1)选用适宜的保护剂,按照使用浓度配制后灭菌,随机抽样培养后进行无菌检查,确认无菌方可使用。

(2)糖类物质用过滤除菌,脱脂牛奶 121 ℃灭菌 25 min。

4. 菌悬液制备

(1)吸取 2～3 ml 保护剂,放入新鲜斜面菌种试管,用接种环将其菌苔或孢子洗下振荡,制成菌悬液。

(2)真菌菌悬液需置于 4 ℃平衡 20～30 min。

5. 分装样品

(1)用无菌毛细吸管取菌悬液加入冻干管,每管约为 0.2 ml。

(2)最后几支冻干管分别装入蒸馏水 0.2 ml 和 0.4 ml,作为对照。

6. 预冻

用程序控制温度仪进行分级降温,注意控制降温速度。

(1)一般由室温快速降温至 4 ℃,再由 4 ℃降至－40 ℃,每分钟降低 1 ℃。

(2)由－40 ℃降至－60 ℃,每分钟降低 5 ℃。

7. 冷冻真空干燥

(1)启动真空冷冻干燥制冷系统,当温度下降到－50 ℃以下时,将冻结好的样品迅速放入冻干机内,启动真空抽气至样品干燥。

(2)样品干燥程度对菌种保藏时间影响很大,一般要求样品的含水量为 1%~3%。

8. 取样检查

(1)依次关闭真空泵和制冷机,打开进气阀,使冻干机腔体内真空度逐渐下降,至与室内气压相等后打开,取出样品。

(2)随机取几只冻干管在桌面上轻敲几下,样品很快疏散,说明干燥程度达标;若用力敲样品也不能使其与内壁脱开,则需继续冷冻真空干燥,此时样品不必预冻。

9. 再次干燥与熔封

(1)将已干燥的样品管安装在歧形管上,启动真空泵,进行第二次干燥。

(2)用高频电火花真空检测仪检测冻干管内的真空度,若检测仪将触及冻干管时发出蓝色电光,说明冻干管内真空度很好,可在火焰下(氧气与煤气混合调节,或用酒精喷灯)熔封冻干管。

10. 存活性检测

每个菌株均取 1 只冻干管,及时进行检测。

(1)打开冻干管,加入 0.2 ml 无菌水,用毛细滴管捶打,使沉淀溶解,然后转入适宜的培养基中培养。

(2)根据其生长状况确定其存活性,或用计数板或死活染色法确定存活率。

11. 保存

置于 4 ℃或室温保存,间隔一定时间进行抽样检查。

该法是目前菌种保藏的主要方法,适用范围广、效果好,保藏时间为几年,甚至可达 30 年以上。

五、实验报告

1. 实验结果

将若干个菌种的保藏结果记录于表 33-1 中。

表 33-1　若干菌种的冷冻真空干燥保藏

菌种	保藏日期	保护剂	保藏温度/℃	开管日期	存活率/%

2. 思考题

(1)经常使用的大肠杆菌宜用哪种方法保藏?为什么?

（2）芽孢杆菌和产孢子的微生物常用哪种方法保藏？为什么？

六、注意事项

1. 在进行真空干燥过程中,安瓿管内的样品须保持冻结状态,以免抽真空时样品产生气泡而外溢。

2. 熔封安瓿管时,封口处火焰灼烧要均匀,以免封口不严而导致漏气。

3. 若保藏的菌种取出后仍需继续冻存,则不宜解冻;只需用接种环在其表面轻划,再转入适宜的培养基中培养,且取样要快速,以免反复冻融影响菌种的存活。

实验 34　菌种的液氮超低温保藏法

一、目的要求

1. 学习和掌握菌种的液氮超低温保藏法的基本原理及其优缺点。
2. 熟悉微生物菌种液氮超低温保藏法的操作流程。

二、实验原理

低温是降低微生物代谢水平的重要因素,也是菌种保藏法的控制要素。在液氮中的超低温($-196 \sim -150\ ℃$)下,微生物的代谢处于停滞状态,可显著降低其变异率,从而能长期保持原种的属性。对于不适宜用冷冻干燥或其他干燥保藏的微生物,如支原体、衣原体、小型藻类、原生动物,以及难以形成孢子的霉菌等,均可用超低温液氮保藏。

为了减少超低温冻结对菌种所造成的伤害,必须在菌悬液中添加低温保护剂,再分装到安瓿管内进行冻结;同时,不同菌种能承受的冻结速度也不相同,慢速冻结必须控制初始的降温速度,通常控制在每分钟下降 $1 \sim 5\ ℃$ 为宜。

三、实验器材

1. 菌种

细菌、放线菌、酵母菌和霉菌。

2. 培养基及其他材料

（1）培养基:牛肉膏蛋白胨培养基、PDA 培养基和豆芽汁培养基。

（2）其他材料:无菌生理盐水、20％甘油、10％二甲基亚砜（简称 MDSO）等。

3. 仪器与用具

(1)仪器:液氮冰箱或液氮罐,控制冷却速度装置,低温冰箱等。

(2)用具:无菌培养皿、移液管与试管,安瓿管,40 目和 100 目筛子等。

四、实验步骤

1. 安瓿管准备

(1)将安瓿管用自来水洗净,再经蒸馏水冲洗多次,烘干。

(2)高压蒸汽灭菌,121 ℃、30 min。

2. 保护剂准备

(1)配制 20%甘油或 10%DMSO 水溶液。

(2)高压蒸汽灭菌,121 ℃、30 min;使用前,随机取样做无菌检查。

3. 菌悬液制备

(1)将待保存的菌种放到斜面培养基上,在适宜的温度下培养至稳定期,对于产孢子的微生物应培养到成熟孢子的形成。

(2)加 2～3 ml 无菌生理盐水于斜面菌种管内,再用接种环将斜面上的菌苔刮下,制成均匀的悬液。

4. 分装样品

(1)加保护剂:吸取上述菌悬液 2 ml 于无菌试管中,再加 2 ml 20%甘油或 10%的 DM-SO,充分混匀;保护剂的最终浓度为 10%或 5%。

(2)分装:将含有保护剂的菌悬液分装到安瓿管中,每支管装 0.5 ml,拧紧螺旋帽,或用火焰熔封;并在每支安瓿管上注明编号、菌种名和保藏时间等。

5. 冻结

(1)适合于快速冻结的菌种,可直接将安瓿管放到液氮罐中进行超低温保藏。

(2)适合于慢速冻结的菌种,须在控速冻结器的控制下使样品缓慢降温(1～2 ℃/min),当温度下降至-40 ℃时,立即将安瓿管放到液氮中,超低温冻结;若没有控速冻结器,也可在低温冰箱中控制降温,将低温冰箱调至-45 ℃,放入安瓿管冷冻 1 h,再转到液氮中冻结。

6. 保藏

(1)气相保藏:将安瓿管放在液氮冰箱内液氮液面上方的气相(-150 ℃)中保藏。

(2)液相保藏:将安瓿管放在菌种盒中,再放到液氮(-196 ℃)中保藏。

7. 解冻恢复培养

(1)解冻:将安瓿管从液氮冰箱或液氮罐中取出,迅速投入 37 ℃水浴中解冻,摇动 2～3 min可使样品融化。

（2）存活率检测，可采用以下两种方法：①染色法，取解冻融化的菌悬液，按照细菌（或真菌）死活染色法，用显微镜观察细胞存活和死亡的比例，计算出存活率。②活菌计数法，分别取预冻前和解冻融化的菌悬液，按 10 倍稀释法涂布平板培养；根据两者活菌数计算出存活率。

$$存活率（\%）=\frac{保藏后每\ ml\ 的活菌数}{保藏前每\ ml\ 的活菌数}\times 100\%$$

五、实验报告

1. 实验结果

将若干个菌种的保藏结果记录于表 34-1 中。

表 34-1　若干菌种的液氮超低温保藏

接种时间	菌种名称	培养条件			保护剂	冻结速度	液相或气相	存活率/%
		培养基	温度/℃	时间/h				

2. 思考题

（1）简要说明液氮超低温保藏法的原理。如何减少低温冻结对细胞的损伤？

（2）在液氮中保藏时要注意哪些事项？

六、注意事项

1. 有些菌种不能承受快速冻结，必须尝试慢速冻结，且初始的降温速度应当控制在每分钟下降 1~5 ℃。

2. 放在液相中保藏的安瓿管，管口须严密熔封，以免安瓿管取出时发生爆炸；因外界气体一旦进入取出的安瓿管，会使其内部的液氮受高温影响而急剧气化、膨胀。

3. 从液氮冰箱或液氮罐中取样品时，须戴上棉手套，且用镊子夹住安瓿管上端，迅速放入 37 ℃ 水浴中使其样品溶化。

4. 若保藏的菌种取出后仍需要继续冻存，则不宜解冻；只需用接种环在表面轻划，再转入适宜的培养基中培养，且取样要快，以免反复冻融影响菌种的存活。

第8章　水的细菌学检查

生活用水的水源地常被生活污水或工业废水或人与动物的粪便所污染。粪便污染中含有不同类型的微生物,有附生性的,也有病原性的。水源水如湖水、河水和溪水等,常含有很多附生菌,但仍然可安全地作为饮用水的水源,而一旦被粪便污染,就可能被肠道病原体污染而引起肠道传染病,甚至暴发流行病,如霍乱、伤寒、细菌性痢疾和传染性肝炎等。因此,必须对生活用水及其水源水进行严格的细菌学检验。

测定水样是否符合饮用水标准,通常包括下列2项内容:

1. 细菌总数的测定

细菌总数是指 1 ml 水样加到普通琼脂培养基中,经过 37 ℃恒温培养 24 h 后,所生长的细菌数。细菌总数是水体卫生状况及污染程度的重要指标,我国规定 1 ml 自来水中的细菌总数不得超过 100。

2. 大肠菌群的测定

若水源水被粪便污染,则水体有可能也被肠道病原菌污染。肠道病原菌在水中容易死亡与变异,且数量较少;要从自来水中分离出病原菌常常较为困难,又很费时。因而需要找一个合适的指示菌,其要求是大量出现在粪便中的非病原菌,且相对于水源病原菌又较为容易检测。若指示菌在水体中数量很少或不存在,则可保证没有病原菌。最广泛应用的指示菌是大肠菌群,其定义是:一群好氧和兼性厌氧、革兰氏阴性、无芽孢的杆状细菌,且在乳糖培养基中,经 37 ℃培养 24~48 h 后能产酸产气。根据水体中大肠菌群的数目来判断水源是否被粪便污染,间接推测水源受到肠道病原菌污染的可能性。我国规定 1 ml 自来水中的大肠菌群不超过 3 个;若只经过加氯消毒即供作生活饮用水的水源水,每升水体中的大肠菌群数不得超过 1000 个;经过净化处理和加氯消毒后供作生活饮用水的水源水,其大肠菌群数每升水体中不得超过 10000 个。

实验 35　水体的细菌学检查

一、目的要求

1. 熟悉水样中细菌总数在水质评价中的作用。
2. 了解不同水源水的平板菌落计数的基本原则。
3. 学习水样的采取方法和水样中细菌总数测定的方法。

二、实验原理

采用平板菌落计数技术测定水体中细菌总数。由于水中细菌种类繁多,它们的营养和其他生长条件差别很大,不可能用同一种培养基在一种条件下,使水体中所有的细菌均能生长繁殖。因此,以一定的培养基平板上细菌生长所形成的菌落为基础,所获得的细菌总数值是一个近似值。

目前,水体中细菌总数的测定通常采用平板菌落计数法,所用的培养基为牛肉膏蛋白胨琼脂培养基。该法简便、快捷,但不同水体的取样方法不完全相同,尤其是严重污染的水体,需要做系列稀释。

三、实验器材

1. 培养基

牛肉膏蛋白胨琼脂培养基。

2. 仪器与用具

(1)仪器:恒温培养箱、高压灭菌锅。

(2)用具:无菌水,无菌的试管、三角烧瓶和培养皿,接种环等。

四、实验步骤

(一)水样的采集

1. 自来水

(1)先将自来水龙头用火焰灼烧灭菌 3 min,再开放水龙头使水流约 5 min。

(2)用灭菌过的三角烧瓶接取水样,以待分析。

2. 池水、河水或湖水

应取距水面 10～15 cm 的深水层水样。

(1)取无菌的烧瓶(带玻璃塞),瓶口向下浸入水中,至取样水层将其翻转,再除去玻璃塞,将水灌入烧瓶中,灌满后将瓶塞盖好,从水中取出。

(2)所取水样最好立即检查,或在冰箱保存。

(二)细菌总数测定

1. 自来水

(1)用无菌吸管吸取 1 ml 水样,注入无菌的培养皿中,再注入约 15 ml 已熔化并冷却至 45 ℃左右的牛肉膏蛋白胨琼脂培养基,立即在水平桌面上旋摇,使水样与培养基充分混匀;另取 1 个无菌的培养皿,只注入约 15 ml 的牛肉膏蛋白胨琼脂培养基,作为对照。

(2)待培养基凝固后,倒置于 37 ℃恒温培养箱,培养 24 h 后计数菌落;以 2 个平板的平均菌落数作为 1 ml 水样的细菌总数。

2. 池水、河水或湖水

(1)采用 10 倍稀释法先将水样稀释,稀释度依据水样的污染程度而定,以培养后平板上的菌落数 30～300 个为宜。通常,轻度及中度污染的水样,稀释度为 10^{-1}、10^{-2} 和 10^{-3},严重污染的水样,稀释度为 10^{-2}、10^{-3} 和 10^{-4} 或更高稀释倍数。

(2)用无菌吸管分别从 3 个稀释度的试管中吸取 1 ml 水样,注入无菌的培养皿中,再注入约 15 ml 已熔化并冷却至 45 ℃左右的牛肉膏蛋白胨琼脂培养基,立即在水平桌面上旋摇,使水样与培养基充分混匀;同时设置对照平板,只注入培养基。

(3)待培养基凝固后,倒置于 37 ℃恒温培养箱,培养 24 h 后计数菌落,确定 1 ml 水样的细菌总数。

(三)菌落计数方法

1. 细菌菌落的计数有一定规则,通常只有一个稀释度的平板菌落数在 30～300 范围;此时可统计该稀释度的 2 个平板的菌落数,取平均值(表 35-1 例 1)。

(1)计数应选择无片状菌苔生长的平板,若平板上出现较大片状菌苔,则不能采用。

(2)若片状菌苔大小不到平板的一半,且非片状区的菌落分布均匀,则可选择半个平板计数菌落,再乘以 2 表示整个平板的菌落数。

2. 当有 2 个稀释度的平板菌落数为 30～300 时,则按照两者的菌落数之比值来确定。

(1)若比值小于 2,应选取两者的平均值(表 35-1 例 2)。

(2)若比值大于 2,则选取其中较小的菌落数(表 35-1 例 3)。

3. 若所有稀释度的平板菌落数均不在 30～300 范围,其选取原则是:

(1)选取最接近 30 或 300 的平板统计菌落数(表 35-1 例 4)。

(2)若所有平板的菌落数均小于 30,选取稀释度最低的平板统计菌落数(表 35-1 例 5)。

(3)若所有平板的菌落数均大于 300,选取稀释度最高的平板统计菌落数(表 35-1 例 6)。

表 35-1　菌落总数及计算方法举例

例次	不同稀释度的平均菌落数			两稀释度菌落数之比	菌落总数/cfu·ml^{-1}	
	10^{-1}	10^{-2}	10^{-3}		实验值	结果
1	1350	142	16	/	14200	$1.42×10^4$
2	2680	280	35	1.25	28000/35000	$3.15×10^4$
3	2788	286	61	2.13	28600/61000	$2.86×10^4$
4	无法计数	308	24	/	30800	$3.08×10^4$
5	28	10	3	/	280	$2.8×10^2$
6	无法计数	2387	432	/	43200	$4.32×10^4$

五、实验报告

1. 实验结果

将菌落计数结果填入表 35-2 和表 35-3 中,并计算细菌总数。

(1)自来水。

表 35-2　自来水中的细菌总数

平板	菌落数	1 ml 水中的细菌数
1		
2		

(2)池水、河水或湖水。

表 35-3　池水(河水或湖水)中的细菌总数

稀释度	10^{-1}		10^{-2}		10^{-3}	
平板	1	2	1	2	1	2
菌落数						
平均值						
细菌总数						

2. 思考题

(1)依据自来水的测定结果,判别是否符合饮用水的标准。

(2)若某水样连续 3 个稀释度的平板菌落数均大于 300,如何精确测定其总细菌数?

(3)国家对自来水的细菌总数有统一的标准,这些标准说明什么? 各地区能否自行改变测定条件(如培养温度、培养时间和培养基种类等)进行水体中细菌总数的测定?

六、注意事项

1. 水体的取样及其细菌总数的检测过程,均须实施规范的无菌操作。

2. 水样采集后必须及时测定,通常清洁水样可在 12 h 内测定,污水须在 6 h 内测定。

3. 当水体污染较为严重时,所取水样必须适度稀释,否则平板上会出现片状菌苔,无法统计平板上的菌落数。

实验 36　水中大肠菌群的多管发酵法检测

一、目的要求

1. 学习水样中大肠菌群数量测定方法的基本原理与操作要领。

2. 熟悉水质评价中大肠菌群数量的卫生标准及其应用的重要性。

二、实验原理

目前,水体中大肠杆菌群的数量测定常采用多管发酵法,其包括初步发酵实验、平板分离和复发酵实验三个部分。

1. 初步发酵实验

发酵管内装有乳糖蛋白胨液体培养基,并倒置 1 个德汉氏小导管。乳糖具有选择作用,因为很多细菌不能发酵乳糖,而大肠菌群能发酵乳糖并产酸产气。为了便于观察细菌的产酸情况,培养基中加有溴甲酚紫作为 pH 指示剂,若细菌产酸,培养基将由紫色转变为黄色;同时,溴甲酚紫还能抑制其他细菌(如芽孢杆菌)的生长。

水样接种于发酵管后,37 ℃恒温培养 24 h,小导管中有气体形成,且培养基浑浊,颜色改变,说明水中存在大肠菌群,为阳性结果,但其他类型的细菌也可能产气;此外产酸不产气的也不能完全说明是阴性结果,若量少情况下,也可能延迟到 48 h 才产气,此状况属于可疑结果。上述两种结果尚需继续下面两部分实验,方能确定是否属于大肠菌群。若 48 h 后仍然不产气,则为阴性结果。

2. 平板分离

平板培养基通常用伊红亚甲蓝琼脂(eosin methylene blue agar,EMB)或复红亚硫酸钠琼脂(远藤氏培养基 Endo's medium),EMB 含有伊红和亚甲蓝染料,也作为指示剂,大肠菌群发酵乳糖形成酸性环境,这两种染料就结合成复合物,使大肠菌群产生带核心的、具有金属光泽的深紫色菌落;Endo's 含有碱性复红染料,也作为指示剂,它可被亚硫酸钠脱色,使培养基呈淡粉红色,大肠菌群发酵乳糖所产生的酸和乙醛与复红反应,形成深红色复合物,使菌落呈现带金属光泽的深红色。初步发酵管 24 h 内产酸产气和 48 h 产酸产气的均需在以上平板上画线分离菌落。

　　3. 复发酵实验

　　以上大肠菌群阳性细菌,经涂片染色为革兰氏阴性无芽孢杆菌者,可再通过该实验得以证实;其原理与初步发酵实验相同,经 24 h 培养产酸又产气的,最后确定为大肠菌群阳性结果。

三、实验器材

　　1. 培养基

　　(1)乳糖蛋白胨发酵管,内有倒置的小导管。

　　(2)三倍浓缩乳糖蛋白胨发酵管,内有倒置的小导管。

　　(3)伊红亚甲蓝琼脂平板。

　　2. 仪器与用具

　　(1)仪器:显微镜、电热恒温培养箱。

　　(2)用具:载玻片,无菌水,无菌试管、吸管和三角烧瓶,三角瓶等。

四、实验步骤

　　(一)自来水的检测

　　1. 初步发酵实验

　　(1)在 2 个含有 50 ml 三倍浓缩的乳糖蛋白胨发酵瓶中,各加入 100 ml 水样;在 10 支含 5 ml 三倍浓缩乳糖蛋白胨发酵管中,再分别加 10 ml 水样。

　　(2)混匀后,37 ℃培养 24 h;若 24 h 未产气,则再继续培养至 48 h。

　　2. 平板分离

　　(1)经 24 h 培养产酸产气及 48 h 培养产酸产气的发酵管,分别画线接种于伊红亚甲蓝琼脂平板上,于 37 ℃恒温培养 18～24 h,选择以下三类菌落:①深紫黑色、有金属光泽;②紫黑色、不带或略带金属光泽;③淡紫黑色、中心颜色较深。

　　(2)从所选菌落中取少量菌苔,涂片、革兰氏染色、镜检。

　　3. 复发酵实验

　　(1)涂片检测:经涂片、染色和镜检,检测出革兰氏阴性无芽孢杆菌。

　　(2)从检测出的菌落中挑取少量菌苔,接种于普通浓度的乳糖蛋白胨发酵管中,37 ℃培养 24 h,若产酸又产气,则可证实有大肠菌群存在。

　　(3)最后,根据初步发酵实验的阳性管数目,查知识窗中表 36-2-①,可获得每升水样的大肠菌群数。

（二）池水、河水或湖水的检测

1. 制备水样稀释液

稀释度依据水体污染状况,轻度污染制备 10^{-1} 与 10^{-2},严重污染的水体制备 10^{-5} 与 10^{-6}。

2. 初步发酵实验

（1）吸取 1 ml 10^{-1} 与 10^{-2} 的稀释水样和 1 ml 原水样,分别注入装有 10 ml 普通浓度乳糖蛋白胨发酵管中。

（2）另取 10 ml 和 100 ml 原水样,分别注入装有 5ml 和 50 ml 三倍浓缩乳糖蛋白胨发酵液的试管中。

3. 平板分离和复发酵实验

操作步骤与自来水的相同。

4. 查表

（1）将 100 ml、10 ml、1 ml 和 0.1 ml 水样的发酵管结果,查知识窗表 36-2-②,可获得每升水样的大肠菌群数。

（2）将 10 ml、1 ml、0.1 ml 和 0.01 ml 水样的发酵管结果,查知识窗表 36-2-③,可获得每升水样的大肠菌群数。

五、实验报告

1. 认真测定与记录数据于表 36-1 中,并根据初发酵实验阳性管数,查知识窗中表 36-2,获得水样中的大肠菌群数。

表 36-1　不同水样中大肠菌群的测试结果

	100 ml	10 ml	1 ml	0.1 ml	0.01 ml	大肠菌群数/(个/L)
自来水						
河水						
池水						
湖水						

2. 分析与讨论大肠菌群检测的应用范围和实践意义。

六、注意事项

1. 水体的取样及其大肠菌群与粪大肠菌群的数量检测,均须实施规范的无菌操作。

2. 在大肠菌群确认过程中,必须明确假阳性和假阴性及其排除方法。

3. 对于污染严重的水样,稀释倍数应适当增大,以获得理想的结果。

七、知识窗

1. 大肠菌群概述

大肠菌群是一群好氧的或兼性厌氧的、在 37 ℃培养 24～48 h 能发酵乳糖产酸和产气的革兰氏阴性无芽孢杆菌,它们普遍存在于肠道中,具有数量多、与多数肠道病原菌存活期相近、容易培养和观察等特点。

大肠菌群包括肠杆菌科中的埃希氏菌属(*Escherichia*)、肠杆菌属(*Enterobacter*)、柠檬酸细菌属(*Citrobacter*)和克雷伯氏菌属(*Klebsiella*)。大肠菌群数是指每升水中含有大肠菌群的近似值,通常可依据水中大肠菌群的数目来判断水源是否被粪便所污染,并可间接推断水源受肠道病原菌污染的可能性。

大肠菌群的检测方法有多管发酵法和滤膜法两种。前者是水的标准分析法,后者是一种快速的替代方法,能测定大体积的水样。目前,滤膜法只在一些大城市的水厂采用。

2. 大肠菌群检数表(MPN 法)

表 36-2-①　　大肠菌群检数表　　　　　　　　　　(单位:个/L)

10 ml 水的	100 ml 水的阳性管数			10 ml 水的	100 ml 水的阳性管数		
阳性管数	0	1	2	阳性管数	0	1	2
0	< 3	4	11	6	22	36	92
1	3	8	18	7	27	43	120
2	7	13	27	8	31	51	161
3	11	18	38	9	36	60	230
4	14	24	52	10	40	69	> 230
5	18	30	70				

注:水样总量 300 ml(2 份 100 ml,10 份 10 ml),此表用于测生活饮用水。

表 36-2-②　　大肠菌群检数表　　　　　　　　　　(单位:个/L)

100	10	1	0.1	大肠菌群数	100	10	1	0.1	大肠菌群数
−	−	−	−	< 9	−	+	+	−	28
−	−	−	+	9	+	−	−	+	92
−	−	+	−	9	+	−	+	−	94
−	+	−	−	9.5	+	−	+	+	180
−	−	+	+	18	+	+	−	−	230
−	+	−	+	19	+	+	+	−	960
−	+	+	−	22	+	+	+	−	2380
+	−	−	−	23	+	+	+	+	>2380

注:水样总量 111.1 ml(100 ml, 10 ml, 1 ml, 0.1 ml);"+"/"−"分别表示有/无大肠菌群。

表 36-2-③　大肠菌群检数表　　　　　　　　（单位：个/L）

10	1	0.1	0.01	大肠菌群数	10	1	0.1	0.01	大肠菌群数
−	−	−	−	＜90	−	+	+	−	280
−	−	−	+	90	+	−	−	+	920
−	−	+	−	90	+	−	+	−	940
−	+	−	−	95	+	−	+	+	1800
−	−	+	+	180	+	+	−	−	2300
−	+	−	+	190	+	+	−	+	9600
−	+	+	−	220	+	+	+	−	23800
+	−	−	−	230	+	+	+	+	＞23800

注：水样总量 11.11 ml(10 ml，1 ml，0.1 ml，0.01 ml)；"＋""－"分别表示有/无大肠菌群。

实验 37　水中大肠菌群的滤膜法检测

一、目的要求

1. 学习滤膜法测定水样中微生物数量的基本原理及其应用范畴。
2. 掌握采用滤膜法测定水中大肠菌群数量的操作要领。

二、实验原理

水是生命之源，人类的生存离不开水，优质的水资源对人们的生活起着至关重要的作用。对于优质的水体，尤其是我们的饮用水，要求微生物的种类和数量稀少，采用常规的多管发酵法可能检测不到水中的微生物。

滤膜法(membrane filtration test)是将水样通过一定孔径的滤膜(约 0.45 μm)过滤器过滤后，将水中的细菌截留在滤膜上，再将滤膜(含大肠菌群鉴别培养基)直接进行培养，或将滤膜(不含培养基)放在适宜的培养基上培养，大肠菌群长在滤膜上，容易计数。

滤膜法是一种快速的替代方法，比多管发酵法省时、省事，且重复性好，能用于冲洗水、注射水、加工水和大体积水样的微生物分析，也可用于产品的微生物检验，还能适合于各种条件下检测不同的菌群，如：选择 0.45 μm 孔径膜检测细菌总数和总大肠菌群；选择 0.7 μm 孔径膜检测粪便大肠菌；选择 0.8 μm 孔径膜检测酵母和霉菌。滤膜法不能用于悬浮物含量较高的水，藻类含量较多对实验结果也有干扰，水中含有毒物也可能影响测定。

三、实验器材

1. 培养基及其他材料

(1)伊红亚甲蓝琼脂平板。

(2)检测细菌总数和大肠菌群的试剂纸。

2. 仪器与用具

(1)仪器:显微镜、电热恒温培养箱、滤膜过滤系统、真空抽滤设备等。

(2)用具:载玻片、镊子、无菌水、无菌试管、吸管和三角烧瓶等。

四、实验步骤

1. 组装滤膜过滤系统

(1)如果用无菌的滤膜和滤杯时,拆开包装,采用无菌操作将滤膜和滤杯装于滤瓶上,组装成一个滤膜过滤系统(图 37-1),并将其密封,待检测时用。

(2)如果用需要灭菌的滤膜和滤杯,则将滤膜放在蒸馏水中,煮沸 15 min,换水洗涤 2~3 次,再煮沸,重复 3 次,以除去滤膜上的残留物,并清洗滤杯;然后,将滤膜和滤杯灭菌,再组装于滤瓶上。

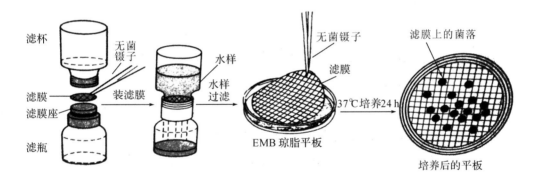

图 37-1　滤膜过滤系统、过滤、滤膜转移及培养结果示意

2. 安装真空抽滤设备

(1)将真空抽滤设备,如真空泵、抽滤水龙头或大号注射针筒等,连接滤瓶上的抽气管。

(2)有些成套的滤膜过滤系统本身带有真空抽滤设备,可直接用于抽滤。

3. 抽滤

(1)加入待测水样 100 ml 到滤杯中,启动真空抽滤设备,进行抽滤,使水中的细菌截留在滤膜上。

(2)水样抽滤完毕,加入等量的无菌水继续抽滤,以冲洗滤杯壁。

加入滤杯的待测水样量,以培养后长出的菌落数不多于 50 个为宜。一般清洁的深井水或经处理过的河水与湖水,可取样 300~500 ml;比较清洁的河水与湖水,可取样 10~100 ml;污染的水样,则需要先稀释,再抽滤。

4. 培养与初检

(1)抽滤完毕,拆开滤膜过滤系统,用无菌镊子取滤膜,将其无细菌面紧贴在伊红美蓝琼脂平板上,如图 37-1 所示;滤膜与培养基之间不能有气泡。

(2)将平板置于培养箱,37 ℃恒温培养 22~24 h。

有些滤膜含有干燥的大肠菌群鉴别培养基,可直接放在培养皿内培养。

5. 检验

(1)选择符合大肠菌群菌落特征(参阅多管发酵法)的菌落,进行计数。

(2)或将选出的菌落进行涂片、革兰氏染色和镜检,再将检出革兰氏阴性、无芽孢杆菌的菌落转接到乳糖蛋白胨半固体培养基上,37 ℃恒温培养 6~8 h,能产气的为大肠菌群。

6. 总大肠菌群的计算

公式如下:

$$1 \text{ L 水样中的总大肠菌群} = \text{滤膜上的大肠菌群菌落数} \times 10$$

五、实验报告

1. 实验结果与分析

(1)你所检测的水样总大肠菌群是多少?试评价所检测水的卫生状况。

(2)根据实验结果,描绘滤膜上的大肠菌群菌落的形态特征。

2. 思考题

(1)相对于多管发酵法,滤膜法检测总大肠菌群有何优缺点?

(2)试设计采用滤膜法检测普通河水中粪便大肠菌的实验方案。

六、注意事项

1. 在组装滤膜过滤系统及检测大肠菌群数量时,均须实施规范的无菌操作。

2. 水样抽滤完毕,在滤杯中须再加等量无菌水,再抽滤,以免细菌残留在滤杯壁,影响测定结果的准确性。

3. 对于清洁度不同的水样,取样量不相同,若是污染水样,还需要适度的稀释,以获得理想的结果。

七、知识窗

目前,国内外已有不少检测微生物的试剂纸(盒或卡),如美国 3M 公司的 3M 检验纸片,爱德士的 Colilert 试剂,我国也有多种微生物检验纸片,如杭州百思生物科技有限公司的 Basebio 检测试纸、广东环凯微生物科技有限公司的 HKM 检验纸片、广州健仓生物科技有限公司的 JL 检验试剂纸等。这些检测试剂纸(盒和卡),大多是将鉴别培养基或试剂吸附在小块纸片或其他载体上,盖一层塑料膜(或培养基、试剂分装成小包),脱水干燥,铝箔包封,灭菌,包装。

检验样品时,开封铝箔,揭开上层塑料膜,滴加样品,盖上上层膜,培养、计数。选择不同的纸片可分别检测细菌总数、总大肠菌群、沙门氏菌、金黄色葡萄球菌、粪链球菌、蜡样芽孢杆菌、霉菌和酵母菌等。检测既能定性,又能定量。符合要求的检测试剂纸(盒和卡)的检验结果,必须与法律规定的检测方法的结果相一致。这类检测试剂纸所用的培养基或试剂大多经过改良,使待检测的微生物长得更快、更好、更易识别,能快速、简便地达到检测目的。因此,卫生检疫部门、环境保护单位、水厂、食品、饮料、化妆品等企业都在逐步扩大使用。

第9章 环境污染及其治理

随着人类社会的发展,人们在日常生活和生产实践中产生并排放大量废水、废渣和废气,严重污染环境,危及人类的健康。微生物代谢类型多种多样,能很快地适应并学着"对付"各种化学污染物,并使之降解(degradation)或转化(transformation)为无毒的化学物质。即便是人工合成的有机化合物,也几乎都有相应的微生物能使之降解或转化。另外,应用微生物治理环境污染,治理条件比较温和,所需的耗费低,且作用较为彻底,不会产生二次污染等。因此,应用微生物治理"三废"得到了广泛的重视,目前已开发出多种有效的工艺流程。

本章实验包括降解型微生物的分离与纯化、活性污泥法和生物膜法处理污水、固体废弃物微生物处理,以及石油污染土壤、重金属污染土壤的生物修复等。

实验 38 苯酚降解菌的富集与纯化培养

一、目的要求

1. 学习并掌握分离、纯化微生物生长的基本技能。
2. 学习筛选有机污染物高效降解菌的基本方法。

二、实验原理

酚类化合物是一类原生质毒物,可使蛋白质凝固,长期饮用被酚污染的水会引起头晕、贫血及各种神经系统病症;水中含酚量达 $4\sim15$ mg/L 或更高时,会引起鱼类大量死亡。因此,利用微生物降解酚类等有机污染物备受关注。

活性污泥和土壤等环境中存在各种各样的微生物,其中有些微生物能以有机污染物作为其生长所需的能源、碳源或氮源。当以有机污染物为唯一碳源时,降解菌就可使有机污染物得以降解。以苯酚为例,其降解途径如下:

降解菌的分离包括三个环节:(1)富集培养,采样后,取适量样品接种到以苯酚为唯一碳源的液体培养基中,经恒温振荡培养可使目标苯酚降解菌能够富集生长;(2)分离培养,将经富集的菌液转到含苯酚的琼脂平板上,经涂布稀释法和平板画线法,可获得苯酚降解菌的纯培养;(3)性能测试,将苯酚降解菌在以苯酚为唯一碳源的条件下进行降解实验,可筛选出高效的苯酚降解菌株。

三、实验器材

1. 培养基与试剂

(1)富集和分离培养基:蛋白胨 0.5 g,磷酸氢二钾 0.1 g,硫酸镁 0.05 g,蒸馏水 1000 ml,pH 为 7.2～7.4,固体培养基添加琼脂 2%。

(2)苯酚标准液:将分析纯苯酚 1.0 g 溶于少量蒸馏水中,再稀释至 1000 ml,摇匀,得到苯酚标准母液,其浓度为 1 mg/ml;将此液稀释 10 倍,得到苯酚标准液。该溶液中酚浓度用 K_2CrO_4 标准溶液标定。

(3)四硼酸钠饱和溶液:将 $Na_2B_4O_7$ 40.0 g 溶于 1000 ml 热蒸馏水中,冷却后使用,此溶液的 pH 为 10.1。

(4)3% 4-氨基安替比林溶液:将分析纯 4-氨基安替比林 3.0 g 溶于少量蒸馏水中,再稀释至 100 ml,置于棕色瓶内,冰箱保存,可用两周。

(5)2% 过硫酸铵溶液:将分析纯过硫酸铵 $(NH_4)_2S_2O_8$ 2.0 g 溶于少量蒸馏水中,再稀释至 100 ml,置于棕色瓶内,冰箱保存,可用两周。

2. 仪器与用具

(1)仪器:恒温培养箱、恒温振荡器、分光光度计和离心机。

(2)用具:无菌水,无菌的 50 ml 离心管、移液管(1 ml、10 ml 和 50 ml)、容量瓶(100 ml 和 250 ml)和培养皿(9 cm),玻璃棒、接种环和酒精灯等。

四、实验步骤

1. 富集培养

(1)采集活性污泥或土样等,接种于装有 50 ml 液体培养基的三角瓶中,并加有玻璃珠和适量的苯酚,30 ℃振荡培养。

(2)待三角瓶中有细菌生长后,用无菌移液管吸取 1 ml,转接到另一个装有 50 ml 液体培养基的三角瓶中,继续培养。连续转接 2～3 次,培养液中所加的苯酚含量适度增加,最后可得以苯酚降解菌占优势的混合培养物。

2. 平板分离和纯化

(1)涂布分离

①制备混合培养物的稀释液:用无菌移液管吸取经富集培养的混合物 0.1 ml,注入 9.9 ml 无菌水中,充分混匀,并继续稀释至 10^{-6}。

②涂平板:选择上述稀释液的最后三个试管,分别用无菌吸管吸取稀释液 0.1 ml,置于加适量苯酚的固体平板中央,用玻璃涂棒迅速涂布均匀,盖好皿盖;每个稀释度 2～3 个重复。

③倒置培养:将涂布好的平板在室温下放置 1～2 h,待所接菌液被培养基吸收后,倒置于恒温箱内,30 ℃培养 1～2 d,以形成不同形态的菌落。

(2)画线纯化:挑选生长良好的菌落,用接种环挑取少量菌苔在固体平板(含适量的苯酚)上画线;将画线后的平板倒置于恒温箱内,30 ℃培养 1～2 d。

3. 转接培养

将纯化后的单菌落转移至补加适量苯酚的试管斜面,30 ℃恒温培养 1～2 d。

4. 降解实验

用接种环取各斜面菌苔少量,分别接种于 100 ml 液体培养基中,于 30 ℃恒温振荡培养 20～24 h。

5. 酚含量测定

(1)制作标准曲线:取 100 ml 容量瓶 7 只,分别加入 100 mg/L 苯酚标准溶液 0 ml、0.5 ml、1.0 ml、2.0 ml、3.0 ml、4.0 ml 和 5.0 ml;每只容量瓶中加入四硼酸钠饱和溶液 10 ml,3％ 4-氨基安替比林溶液 1 ml,再加入四硼酸钠饱和溶液10 ml,2％过硫酸铵溶液 1 ml,再用蒸馏水稀释至刻度,摇匀。放置 10 min 后将溶液转移到比色皿中,560 nm 处以试剂空白为参比测定吸光度;绘制标准曲线。

(2)降解液的吸光度测定:取经降解的培养液 30 ml,离心;取上清液 10 ml 于 100 ml 容量瓶中,加入四硼酸钠饱和溶液 10 ml,3％ 4-氨基安替比林溶液 1 ml,再加入四硼酸钠饱和溶液 10 ml,2％过硫酸铵溶液 1 ml,再用蒸馏水稀释至刻度,摇匀;同时做空白对照。放置 10 min 后用分光光度计测定 560 nm 处的吸光度。

(3)苯酚含量计算:由测得的吸光度从标准曲线获得苯酚的毫克数,再由下面公式计算苯酚含量。

$$苯酚(mg/L) = \frac{查得苯酚的毫克数}{10} \times 1000$$

五、实验报告

1. 根据酚含量测定,求出各降解菌株的脱酚率。

2．筛选出高效降解菌菌株。

六、注意事项

1．用于分离培养的平板应提前 1～2 d 倒好；待冷却后，须倒置于室温下或 30 ℃恒温箱内，使平板的表面无水膜。

2．在涂布操作时，为加快涂布速度也可不更换无菌涂棒，但涂布顺序应按样品液的稀释度递减的顺序依次进行；涂布后，须待菌液被琼脂平板充分吸收（正面向上放置约 2 h），再倒置于恒温箱内培养。

3．在测定苯酚含量时，若样品的读数超过标准曲线的范围，必须将待测样液适度地稀释，再测定。

实验 39　活性污泥法处理生活污水

一、目的要求

1．学习并掌握培养活性污泥的过程与方法。
2．学习表面加速曝气沉淀池的基本构造和运转管理方法。
3．初步明确活性污泥法对生活污水的净化作用。

二、实验原理

自 1914 年在英国建成活性污泥水处理厂以来，活性污泥法已有 100 多年的发展历史。随着在生产实践中的广泛应用，其工艺流程不断得到改进与创新，取得了显著的成效。目前，活性污泥法是处理有机废水的一种常规方法。

活性污泥法是利用人工培养和驯化的微生物群体，分解氧化污水中可生物降解的有机物，通过生物化学反应，改变这些有机物的性质，再把它们从污水中分离出来，使污水得以净化。活性污泥是由细菌、原生动物等与悬浮生物、胶体物质混合在一起所形成的，具有很强的吸附分解有机物能力的絮状体。这种絮状体是以能形成菌胶团的细菌为主所形成的一种特异性颗粒，其组成包括活的微生物细胞和死亡的细胞及分泌物等，这种颗粒肉眼可见，具有良好的沉降性能。

本实验所用的处理装置属于完全混合式曝气沉淀池，其运行特点是：(1)废水进入曝气池后，能在最短时间内与全池中的液体充分混合，同时被稀释。因此，流入池中的废水，其

pH、水温及水质变化对池内活性污泥的影响将降低到最低程度。（2）池内各点的水质比较均匀，微生物群的性质和数量也基本上相同。可以把整个池子控制在良好的均一条件下，为微生物的生长繁殖营造一个适宜的稳定环境。

三、实验器材

1. 器材与试剂

（1）测定化学需氧量（COD_{Cr}）的器材和试剂。

（2）测定生化需氧量（BOD_5）和溶解氧（DO）的器材和试剂。

（3）测定氨氮的器材和试剂。

（4）测定活性污泥性质（包括污泥浓度和污泥指数）的器材。

2. 仪器与用具

（1）仪器：方形表面加速曝气池模型（曝气区容积 9.5 L，有机玻璃制作），电子交流稳压器（0.5～1.0 kV），调压变压器（0.5～1.0 kV），电动搅拌器（25 W，220 V），平板型叶轮（直径 5～6 cm），电热恒温控制器（包括电加热器、感温器、控温器），玻璃蓄水箱（40 或 60 L），转子流量计（液体用，量程 5～50 ml/min），生物显微镜，电冰箱（4 ℃）、分析天平，水分快速测定仪，酸度计、电烘箱和生化培养箱。

（2）用具：试剂瓶（20 L，具下口，作高位水箱用）。

四、实验步骤

（一）模拟生活污水的配制

1. 按照表 39-1 的配方人工合成模拟城市污水，作为基础培养液；使用时可按需要增加浓度，使模拟城市污水进入浓度为基础培养液的 2 倍或数倍。

表 39-1　模拟城市生活污水配方

材料名称	数量
淀粉，工业用	0.067 g
葡萄糖，工业用	0.05 g
蛋白胨，实验用	0.033 g
牛肉膏，实验用	0.017 g
$Na_2CO_3 \cdot 10H_2O$，工业用	0.067 g
$NaHCO_3$ 淀粉，工业用	0.02 g
Na_3PO_4 淀粉，工业用	0.017 g
尿素，工业用	0.022 g
$(NH_4)_2SO_4$，工业用	0.028 g
水	1000 ml

2. 模拟生活污水的 COD_{Cr} 为 174 mg/L,总氮为 27.5 mg/L,氨氮为 7.2 mg/L;配制后需要实测。

(二)活性污泥的培养及其对生活污水净化效果的观察

1. 粪便水接种液的制备

(1)从化粪池中取出上层水,静置 1 h,再在玻璃漏斗中经 8 层纱布过滤后作为接种液。

(2)用显微镜检查滤液,可以观察到其中有大量的游离细菌而无絮状体。

2. 培养活性污泥的步骤和观察测定

本实验所采用的是方形合建式完全混合曝气沉淀池模型,其结构见图 39-1,整个曝气区容积为 9.5 L。

实验开始时,按模拟城市生活污水配方的 4 倍浓度配制模拟污水。将 4 倍浓度的模拟污水 7 L 放入曝气池模型中,再将模型整个放入玻璃水箱中,使曝气区略高出玻璃水箱内的自来水水面,出水口能通畅地排水。再加入粪便水接种液 2.5 L,最后再加 4 倍浓度的模拟污水至曝气池充满为止。

通过控温系统对水箱内自来水加温,使曝气池内水温始终保持在 28～30 ℃,以利于微生物生长而快速培菌。培菌开始时,开动装有直径 5 cm 的平板型叶轮的电动搅拌器,进行"闷曝"(只对曝气区曝气充氧而不流入和排出模拟生活污水)。叶轮转速要调节到曝气区液面形成适度的"水跃"(指叶轮旋转曝气充氧时,其周围形成略鼓起的弧形水面)为宜,以获得良好的充气效率。为了避免电源电压波动太大影响已调节好的叶轮转速,影响充氧效率,必须首先通过电子交流稳压器使电源电压保持稳定,再连接调压变压器,最后接到电动搅拌器上。根据测得的曝气区溶解氧数值,参考曝气池内"水跃"的形态,通过调压变压器升降调节电压以及变换电动搅拌器上的速度档次旋钮,以使叶轮处于适当的转速,始终保持稳定的运转。

连续"闷曝"48 h 后,开始从高位下口水瓶中连续向曝气池中通入 1 倍浓度的模拟污水,调节进水流速,观察转子流量计上的读数,保持 8 ml/min 的小流量进水。继续曝气运转,可以观察到曝气池臭气逐渐消失,曝气区可出现微量凝絮体。72 h 后,如果镜检凝絮体出现良好,继续增多,可将进水流量加大到 10 ml/min,以后根据凝絮体增长情况可再提高流量。在运转期间高位水箱底部由于长期静置,可能出现沉淀,应使用玻璃棒每隔 1～2 h 搅动污水 1 次。在连续曝气运转过程中,需及时了解和控制活性污泥的生成、增长和存在状态,每天需要用显微镜检查曝气池混合液中细菌及凝絮体情况,观察和描述菌胶团形态,并逐日记录于表 39-2 中。当曝气区混合液中有肉眼可见、数量较多的凝絮体出现时,开始逐日测定污泥的性质,包括污泥沉降、污泥浓度(污泥干重)并计算污泥指数,所有结果及分析

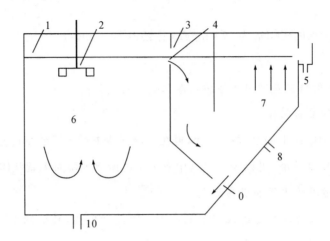

1. 水面；2. 叶轮；3. 导流区；4. 回流窗；5. 出水口；6. 曝气区；

7. 沉淀区；8. 排泥口；9. 回流缝；10. 进水口

图 39-1 完全混合曝气沉淀池模型

数据记录于表 39-3 中。运转过程中要根据活性污泥的性质、各项分析数据和模型运转状态,采取相应的调节措施,包括调节叶轮转速、调节回流率、疏通回流缝、改变进水流量等,以保持运转正常,活性污泥增长正常,污泥性质良好。当污泥体积增长到 8%～10% 后,将进水量提高到 15 ml/min,继续曝气,直到污泥体积增长到 25%～30% 为止,即基本上完成活性污泥从无到有并逐步增多的培养全过程。

在培养和运转过程中,需要不断向曝气池混合液提供充分的溶解氧;通常,曝气池混合液中的溶解氧以维持在 1.5～3.0 mg/L 为宜。因此,每天上午、下午和晚间均需要测定曝气池混合液中的溶解氧至少 1 次,并按照所测的数据及时增减叶轮转速和调整进水量,使溶解氧维持在其适宜范围。在培养过程中,还需要经常测定曝气池混合液的 pH,若偏离过大时须及时调整,使其保持在 6.5～8.0 范围内。

3. 活性污泥的性质测定

采用常规方法,参见附录 9。

4. 菌胶团形态观察

(1)用高倍镜观察曝气池中凝絮体,可见各种形态的菌胶团,通常有分枝状、垂丝状、球状、椭圆形或蘑菇形等规则形状。

(2)观察并用简图记录培养过程中所观察到的菌胶团形态。

5. 活性污泥增长过程中微型动物类群的演替

微型动物个体比细菌大,对水体中各种因素的变化较为敏感,能及时反映运转操作系统出现的问题和净化效果。通常,以污水处理构筑物中微型动物的种类和数量指示污水处理的效果;其中固着型的纤毛虫占优势,表示处理效果良好,出水的 BOD_5 和浑浊度较低;若污泥中出现大量有柄纤毛虫,说明系统可进入正常运转期。

6. 活性污泥法净化污水的效果

当污泥体积增长到 15% 后,连续 3 d 每天测定曝气池中进水和出水的 COD_{Cr} 和氨氮,并计算去除率。

(三)指标测定

1. 化学需氧量(COD_{Cr})的测定,参见附录 9。

2. 生化需氧量(BOD_5)和溶解氧(DO)的测定,参见附录 9。

3. 氨氮的测定,参见附录 6。

五、实验报告

1. 实验结果

(1)自开始培养活性污泥之日起,逐日填写培菌和运转实验分析和管理状况,记录于表 39-2 和表 39-3 中。

表 39-2　表面加速曝气沉淀池模型培菌和运转实验观察及运行记录

日期	时间	显微镜观察记录	对本班运行管理记录	对本班运行情况的评价和对下班的建议	记录人

表 39-3　表面加速曝气池模型培菌和运转实验分析记录

时间	室温 ℃	水温 ℃	溶解氧/(mg/L)			COD_{Cr}/(mg/L)			NH_3-N/(mg/L)			污泥性质		进水流速	排泥量	记录人
			进水	出水	曝气区	进水	出水	去除率	进水	出水	去除率	体积	干重 指数			

(2)用简图描绘在曝气池中用显微镜观察到的菌胶团和微型动物的形态,并分辨微型动物所属类群。

(3)整理和分析上述 2 项观察,写出总结报告,内容包括:模拟生活污水的水质,实验条件,凝絮体出现时间,培养和运转过程中活性污泥外观形状的变化,污泥体积增长动态,污泥干重,污泥指数变化状况,曝气池中细菌和微型动物的演替,水质的净化效果,以及对异常情况的处理措施与作用等。

2．分析评价报告

综合以上内容，对本次实验中活性污泥培养和运转实验效果做出评价，尤其是你所获得的经验与教训。

六、注意事项

1．本实验周期长，且需要昼夜连续；实验人员必须安排好合理的轮流值班制度；且当班人员须严格遵守各项操作规程，认真执行当班工作任务，完成相应的实验操作。另外，还需注意用电、用水和用火安全等。

2．当高位瓶中模拟污水量下降至一半（10 L）时，必须向瓶内补充，以保持一定的静水压，使进水流速稳定，出水通畅。高位瓶中易出现沉淀，须用玻棒搅拌。

3．模型运行期间，除了经常检查叶轮转速是否稳定和回流缝是否通畅，以及检测曝气池混合液的溶解氧和 pH 等参数外，还需检查曝气池的水温是否稳定和控制系统工作是否正常。

实验 40　生物膜法处理生活污水

一、目的要求

1．学习并掌握生物流化床的基本构造、挂膜过程和运行管理的基本方法。

2．观察生物流化床对生物污水的净化作用，并比较不同停留时间对净化效率的影响。

二、实验原理

好氧生物流化床是将传统活性污泥法与生物膜法有机结合，并引入化工流态化技术应用于污水处理的一种新型生化处理装置。其具有处理效率高、容积负荷量大、抗冲击能力强、设备紧凑、占地少等优点，引起了工程界极大兴趣和广泛研究，被认为是未来最具发展前途的一种生物处理工艺。好氧生物流化床以微粒状填料如砂、焦炭、活性炭、玻璃珠、多孔球等作为微生物的载体，以一定流速将空气或纯氧通入床内，使载体处于流化状态。通过载体表面不断生长的生物膜吸附、氧化并分解废水中的有机物，达成对废水中污染物的去除。由于载体颗粒小，表面积大，生物量大，载体处于流化状态，污水不断与载体上的生物膜接触，强化了传质过程。载体不停地流动能够有效防止发生生物膜堵塞问题。

本实验采用的鳃板式流化床是一种三相好氧生物流化床反应器，具有结构简单紧凑，污水分离效果好等优点。污水从底部或顶部进入床体，与从底部进入的空气相混合，污水充氧和载体流化同时进行。在床内气、液、固三相进行强烈的搅动,载体之间产生强烈的摩擦使生物膜及时脱落,因而不需要另设脱膜装置。

三、实验器材

1. 器材与试剂

(1)测定化学需氧量的器材与试剂。

(2)测定生化需氧量和溶解氧的器材与试剂。

(3)测定氨态氮的器材与试剂。

2. 仪器与其他用具

(1)鳃板式三相流化床模型(图 40-1):由有机玻璃制成,规格为 125 mm×63 mm×300 mm,有效容积为 2.2 L。废水处理曝气区有效容积为 1.5 L,沉淀区有效容积为 0.7 L。生物载体用粒径为 0.5～0.7 mm 的陶粒。

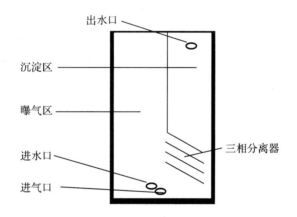

图 40-1　鳃板式三相流化床模型

(2)电热恒温控制器(包括电加热器和控温仪),计量泵(量程 10～1000 ml/h),50～100 W气泵,pH 计,显微镜,分析天平,电烘箱,生化培养箱。

(3)其他用具:乳胶管、曝气头、水箱(25 L)。

四、实验步骤

(一)工艺流程

1. 按如图 40-2 所示工艺流程装配实验装置。

2. 当室温低于 20 ℃时,需提高水温至 20～25 ℃,以加快挂膜过程,使用电加热恒温控制仪,将加热棒悬挂浸没在水浴中。

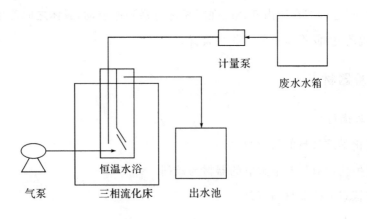

图 40-2　流化床的工艺流程

（二）接种和挂膜

1. 按照模拟城市废水配方,以 2 倍浓度配制挂膜过程所需的模拟城市污水。

2. 测定配制的模拟城市废水的 COD_{Cr} 和 $NH_3\text{-}N$ 的浓度,根据测定值,按 $C/N=100/5$ 添加适量的葡萄糖或 $(NH_4)_2SO_4$,再测定污水中氨态氮的浓度,以 $30\sim40$ mg/L 为宜。

3. 将污水注入流化床反应器中,投加 75 g 陶粒载体;再向反应器曝气区注入来自生活污水处理厂的新鲜活性污泥,污泥量为曝气区容积的 $1/5\sim1/4$。

4. 开启气泵,但不从水箱进水,进行闷曝;调节节流阀,使载体恰好完全处于流化状态,过高的进气量会导致颗粒间摩擦加剧,不利于微生物的附着和生长。

5. 开动 $8\sim12$ h 后,停止运行,澄清片刻,使活性污泥和载体下沉,再将上层清液倾出一半,再加入调节后的 2 倍浓度模拟城市污水,继续运行;如此重复 $3\sim4$ d,载体上附着少量微生物,完成接种。

6. 开启计量泵,从废水水箱连续进水;控制进水 pH 为 $6.5\sim7.5$,温度为 $20\sim25$ ℃,流量为 200 ml/h。由于所进废水的营养丰富,微生物代谢产物又不断被出水带走,载体上的生物膜迅速生长和增厚。在适宜条件下,$2\sim3$ d 可完成接种,$10\sim15$ d 可完成挂膜,投入正常运转。

（三）运转和管理

1. 运转期的管理

(1)进水:向污水水箱中添加模拟城市污水,酌量添加 $(NH_4)_2SO_4$ 等营养源,使水箱中污水的氨态氮浓度为 $30\sim40$ mg/L,pH 为 $6.5\sim7.5$,进水流量提高到 500 ml/h;整个运转期间进水水质及水量稳定不变。

(2)水浴水温:当室温低于 20 ℃时,需要用电热恒温控制仪使反应器内水温控制在 20 ~25 ℃。

(3)曝气量:由于气泵工作不稳定和曝气头堵塞等原因,有时会发生载体沉降不流化的状况,应及时调整进气量并清洗曝气头。

2. 运转期的观察与测定

(1)对曝气区混合液的溶解氧的测定,每天1次。

(2)对进水、出水的 COD_{Cr} 浓度进行测定;根据测定数据计算 COD_{Cr} 去除率(%),并计算有机负荷(单位 kg/m³·d),公式如下:

$$有机负荷 = \frac{C \times Q}{V} \times 24 \times 10^{-6}$$

式中:C——进水 COD_{Cr} 浓度,mg/L;

　　Q——进水流量,ml/h;

　　V——曝气区有效容积,L;本实验数据为1.5 L。

(3)测定进水、出水的 $NH_3\text{-}N$ 的浓度,计算氨态氮去除率(%)。

将上述各项测定结果填入表40-1。

(4)用显微镜观察载体颗粒上生物膜的成熟过程。成熟的生物膜上具有终虫、轮虫、丝状菌、草履虫和线虫等;生物膜呈黄色且透明,与核心的不透明载体颗粒区别明显,平均厚度为 $80\sim100~\mu m$。测定20个生物载体的膜厚,取其平均值作为生物膜厚度,观察膜上的生物相,填入表40-2。

3. 停留时间与处理效果的关系

有机物的处理程度与污水在曝气池中的停留时间有关,通常延长停留时间可改善出水水质,但导致有机负荷降低。按照 $T=V/Q$(T 为停留时间,V 为曝气区有效容积,Q 为进水流量),在曝气区有效容积不变的情况下,减少(或增加)污水进水流量可以延长(或缩短)停留时间。

在进水浓度、水温、pH 等不变的情况下,按流量为 0.2 L/h 进水,待运转稳定后,测定进水、出水的 COD_{Cr} 和 $NH_3\text{-}N$ 的浓度,计算去除率和有机负荷。再按流量为 0.5 L/h 进水;待运转稳定后,测定进水、出水的 COD_{Cr} 和 $NH_3\text{-}N$ 的浓度,计算去除率和有机负荷。结果填入表40-3。

五、实验报告

1. 挂膜和运转实验记录,填入表40-1、表40-2。

表 40-1　生物流化床实验分析化验记录

时间	室温 ℃	水温 ℃	进水流量 /(ml/h)	溶解氧/(mg/L)			COD_{Cr}/(mg/L)			NH_3-N/(mg/L)			pH		有机负荷 /(kg/m³·d)	记录人
				进水	出水	曝气区	进水	出水	去除率	进水	出水	去除率	进水	出水		

表 40-2　生物流化床挂膜及运转管理记录

时间	显微镜观察记录	生物膜厚度	运行管理记录	运行情况评价	记录人

2. 停留时间与处理效果的关系实验记录,填入表 40-3。

3. 对实验结果进行分析与讨论。

表 40-3　停留时间与处理效果关系实验记录

日期	进水流量 /(ml/L)	停留时间 /min	COD_{Cr}/(mg/L)			NH_3-N/(mg/L)			有机负荷 /(kg/m³·d)	记录人
			进水	出水	去除率/%	进水	出水	去除率/%		

六、注意事项

1. 进水须按照模拟污水配方及实验开始时调整营养的方案准确配制,并控制进水的 pH,以保持进水水质的稳定。

2. 经常检查水温及恒温控制器的运转是否正常,保持水温稳定。

3. 经常检查计量泵运行情况,控制进水流速稳定。

4. 及时清洗进水管,避免阻塞,保持进水管通畅。

实验 41　固体废弃物的固体发酵

一、目的要求

1. 学习并掌握固体发酵处理固体废弃物的原理和方法。

2. 熟悉固体发酵法的应用范围及其实用意义。

二、实验原理

固体发酵(solid state fermentation)是指利用自然底物作为碳源与氮源,或利用惰性底物做固体支持物,该体系在无水或接近无水的状况下所进行的发酵过程。固体发酵是解决能源危机、治疗环境污染的重要手段之一,也是绿色生产的主要工具。来源于农业、林业和食品业等的许多废弃物,常对环境造成严重的污染,但废弃物中也含有丰富的有机质,可作为微生物生长的基质。因此,筛选废弃物的残渣作为底物,对其综合利用,不仅可使废弃物转变为有价值的资源,且可减轻环境污染,化害为利。

固体发酵具有诸多重要的应用领域,如利用微生物转化农作物及其废渣,以提高它们的利用价值,减轻对环境的污染。农作物废弃物(如稻草、麦秸和高粱秸等)数量丰富,它们的合理开发和科学利用备受各国政府及科学家的关注。采用固体发酵法进行处理,可以避免秸秆简单还田过程中其腐解对土壤造成的破坏,还可以加速秸秆的腐解、降低 C/N。

三、实验器材

1. 菌种和培养基

(1)菌种:纤维分解菌,自身固氮菌。

(2)纤维分解菌用 CMC 培养基,自身固氮菌用无氮培养基。

2. 仪器、试剂与用具

(1)仪器:天平、灭菌锅和恒温摇床。

(2)试剂:氨氮测定试剂、秸秆粉。

(3)用具:广口瓶和三角瓶等。

四、实验步骤

1. 接种液的制备

(1)菌株活化:将纤维分解菌和自身固氮菌分别接种到相应的活化培养基上,37 ℃恒温培养 24 h,使菌株活化。

(2)液体培养:将活化后的纤维分解菌和自身固氮菌分别接入相应的液体培养基中,37 ℃振荡培养,所得菌液用作固体发酵的接种液。

2. 秸秆预处理

(1)水解与清洗:将秸秆用 0.1 mol/L 的盐酸在常温常压下水解 3 d,以去除表面蜡质,利于纤维分解菌和自身固氮菌的利用;水解结束后,取出秸秆用清水淋洗 1 遍,再用 CaO 调节 pH 至 6.0 左右。

(2)调水分:调节水分至 $50\%\sim60\%$,此时手抓湿润,但不流出。

(3)调 C/N:加 2% 尿素、1% 淀粉,装入广口瓶中,灭菌 30 min。

3. 接种与培养

(1)接种:接入纤维分解菌,培养 7 d 后再接入自身固氮菌培养 7 d。

(2)每隔 2 d 取样 1 次,测定相应指标,并补充适量水分。

4. 测试与分析

(1)菌落总数:采用稀释平板菌落计数法测定。

(2)蛋白质含量:样品经三氯乙酸与水洗涤后,取滤渣,采用凯氏定氮法测定。

(3)可溶性有机碳和可溶性氮:样品用蒸馏水浸提振荡 8 h 后过滤,所得滤液一部分用总有机碳自动分析仪(total organic carbon analyzer,TOC)测定其有机碳含量;另一部分先用 $H_2SO_4-H_2O_2$ 消化,再用靛酚蓝比色法测定其含量即可溶性氮含量。

五、实验报告

计算不同处理菌落总数、蛋白质含量及可溶性有机碳和可溶性氮含量,比较其变化。

六、注意事项

1. 发酵前需要调节培养基(秸秆)的 pH 和含水量;同时提高其 C/N(秸秆的 C/N 为 $20\sim25$),以利于微生物的生长。

2. 发酵过程的温度、通风量需要控制,每天应搅拌以利于通风。

3. 发酵过程需要及时补水,以保证系统的含水量。

实验 42 利用微生物对石油污染土壤的生物修复

一、目的要求

1. 学习土壤污染治理的基本方法及其原理。
2. 学习并掌握石油污染土壤生物修复的操作流程。

二、实验原理

在石油开采、炼制、贮运和使用过程中,不可避免地会造成石油落地污染土壤。石油主要由烷烃、环烷烃、芳香烃、烯烃等组成,其中多环芳香烃类物质被认为是一种严重致癌、致诱变物质。石油通过土壤-植物系统或地下饮用水,由食物链进入人体,直接危及人类健康。因此,世界各国对土壤石油污染的治理问题极为重视,目前的处理方法主要有物理处理、化学处理和生物修复,其中生物修复技术被认为最有生命力。

利用微生物及其他生物,将土壤、水体中的危险性污染物原位降解为二氧化碳和水,或转化为无害物质的工程技术系统称为生物修复(bioremediation)。在多数环境中,天然微生物都在进行降解有毒有害有机污染物的过程;在多数下层土中,往往含有能降解低浓度芳香化合物的微生物,只要水中含有足够的溶解氧,污染物的生物降解就可以进行。但在自然条件下,由于溶解氧不足、营养缺乏和高效降解菌生长缓慢等因素限制,微生物自然净化速率很慢。因此,提供氧气或其他电子受体,添加氮、磷营养盐,接种经驯化培养的高效降解菌等,以便能快速去除污染物,这是生物修复的基本策略。

石油污染土壤的生物修复技术主要有两类:(1)原位生物修复,一般适用于污染现场;(2)异位生物修复,包括预制床法、堆式堆制法、生物反应器法和厌氧处理法。异位生物修复将污染土壤集中起来进行生物降解,可保证生物降解的理想条件和良好的处理效果;且可防止污染物转移,具有广阔的应用前景。本实验采用堆式堆制法,对石油污染土壤进行生物处理研究,通过检测土壤含油量、降解石油烃微生物数量、污染土壤含水量的变化等指标,反映该技术处理石油污染土壤的效果。

三、实验器材

1. 石油污染土样:采集于石油污染严重地区,如钻井台、加油站、汽车厂等。

2. 测定石油烃总量的器材和试剂,从土壤中分离筛选高效降解菌的器材和试剂。

3. 其他仪器与用具:有机玻璃堆制池(长 100 cm、宽 60 cm、高 12.5 cm,下铺设长方形 PVC 管,相隔 10 cm 打 1 个直径 1 cm 的孔,上覆盖尼龙网,以防土壤颗粒将孔堵塞,PVC 管接于池外,供通气用,池旁设有渗漏液出口管),50 W 空压泵,电烘箱,pH 计等。

四、实验步骤

1. 高效石油烃降解菌的筛选

(1)参照实验 38 从石油污染土壤中分离筛选出高效石油降解菌,将该菌种接种到牛肉汤液体培养基中,30 ℃恒温培养至对数期。

(2)离心收集菌体,用生理盐水反复洗涤,最后将菌体悬浮在生理盐水中,调节吸光度(OD_{660})为 1.5。

2. 土壤堆制池的运转和管理

(1)运转期的管理

在待处理的石油污染土壤中,按比例加入肥料、水、菌液,充分搅拌后堆放在池中。比例为:100 kg 油土＋1.36 kg 尿素＋0.5 kg 过磷酸钙＋1 L 菌悬液;另设 1 组不加菌悬液为对照。在堆料 5 cm 深处进行多点采样,混合均匀后于 105 ℃烘干至恒重,由烘干前后的质量计算含水率。根据测定结果,补加适量的水分,将两组土壤的含水率调节为 30%。空压泵通气 20 min/d,实验共进行 40 d。

(2)运转期的观察与测量

①石油烃总量的测定:每天检测 1 次,测定方法见附录,并计算去除率。

②微生物数量的测定:每天检测 1 次,采用平板计数法。

③pH 的测定:每天 1 次。

④含水量的测定:每天检测 1 次,根据测定结果,补加适量水分,使两组土壤的含水率保持为 30%。

五、实验报告

将运转实验记录按日期填入表 42-1。

表 42-1　实验数据记录表

	石油烃总量	石油烃去除率	微生物数量	pH	含水量
1					
2					
3					
...					
40					

六、注意事项

1. 本实验周期较长,需要耐心细致地完成。

2. 石油烃类在水中的溶解度很低,需要对烃类进行乳化,方能提供足够的量以维持微生物的生长。

实验 43　微生物吸附法去除重金属

一、目的要求

1. 学习并掌握微生物吸附法去除重金属离子的原理与方法。
2. 学习并掌握土壤重金属污染的修复及其操作流程。

二、实验原理

随着经济的快速发展,废水大量排放,土壤和水体中重金属的积累加剧,重金属污染问题已引起人们的广泛关注,治理和回收重金属已成为当今研究的热点之一。重金属种类多样,且在溶液中的存在形态不相同,处理方法也不相同。对于重金属废水,传统的处理方法有三类:(1)化学法是通过添加化学试剂,使废水中重金属离子发生化学反应而去除;(2)物理法是在不改变重金属的化学形态条件下,借助水体自身的吸附、浓缩和沉降等,以去除废水中的重金属;(3)生物法是借助微生物和植物的吸收、积累和富集等作用,以去除废水中的重金属,基本方法有生物絮凝法、生物吸附法等。

生物吸附法就是用生物材料(藻类、真菌、细菌及其代谢产物)吸附水溶液中的重金属,该法具有吸附剂来源丰富、成本低、吸附速度快、吸附效率高、选择性好等特点;且后处理可用一般化学方法,如调节 pH、加入络合能力较强的解吸剂,可解析重金属,回收吸附剂,以循环利用。

三、实验器材

1. 菌种

酿酒酵母。

2. 培养基和试剂

(1)培养基:PDA 液体培养基(见附录 3)。

(2)试剂:50 mg/L $Pb(NO_3)_2$ 溶液,0.5% H_2SO_4 溶液,0.5% 和 0.1 mol/L 的 NaOH 溶液,0.5%和 0.1 mol/L 的 HCl 溶液,95%乙醇溶液,双蒸水。

3. 仪器与用具

(1)仪器:分光光度计、精密 pH 计、高压灭菌锅、天平、离心机、电热干燥箱等。

(2)用具:三角瓶、试管、烧杯、搅拌棒、离心管等。

四、实验步骤

1. 菌体的培养

(1)将酵母斜面菌种接种到种子培养基中,28 ℃恒温培养 24 h;再转接到液体培养基中,28 ℃恒温培养 48 h。

(2)离心收集菌体:5000 r/min 离心 10 min,弃上清液,收集菌体待用。

2. 菌体的预处理

(1)用蒸馏水洗涤 3 次后离心(5000 r/min 离心 10 min),将 0.085 g 微生物菌体分别浸泡在 0.1 mol/L 的 10 ml NaOH 溶液、0.1 mol/L 的 10 ml HCl 溶液或 30%乙醇溶液中 40 min(28 ℃)。

(2)用蒸馏水洗涤 3 次,离心备用;以不处理的菌体为对照。

3. 吸附实验

(1)分别称取 200 mg(干重)经预处理的生物材料,放入各个瓶中,加入 100 ml 50 mg/L 的 $Pb(NO_3)_2$ 溶液,再置于振荡器上振荡 24 h(室温 21 ℃)。

(2)通过滴加 0.1 mol/L 的 NaOH 或 HCl 溶液调节在吸附平衡期间 pH 的变化,使溶液的 pH 保持在 5 左右。

(3)用 0.45 μm 滤膜过滤,用原子吸收分光光度计测定滤液中残余的重金属离子浓度。

4. 重金属解析实验

(1)将吸附重金属的微生物菌体投加到 0.1 mol/L Na_2CO_3、0.1 mol/L CH_3COOK、0.1 mol/L EDTA 或 HCl 水溶液中,调节 pH 为 2。

(2)在 30 ℃下解吸 1 h,用蒸馏水对解吸后的菌体洗涤 3 次,离心后备用。

5. 再生菌体和回用实验

重复 3 和 4,进行回用实验。

五、实验报告

1. 比较不同处理方法的菌体对重金属去除效率的差异,并分析原因。
2. 比较再生菌体和原菌体去除效率的差异,并分析原因。

六、注意事项

1. 吸附材料的预处理会改变其吸附性能,要控制好预处理溶液浓度以及菌体的浸泡时间。

2. 吸附液的 pH 会影响菌体对重金属离子的吸附,吸附实验过程需用 HCl 或 NaOH

溶液调节溶液的 pH 为 5 左右。

七、知识窗

微生物吸附已成为处理重金属废水的一项新技术，大量研究表明：许多微生物如细菌、真菌和藻类等对重金属离子具有很强的吸附能力。我国利用一种 SRV 菌株吸附处理电镀废水中的 Cu^+（246.8 mg/L），其去除率高达 99.2％；一种丝状绿藻治理含汞废水，吸附 2 h，去除率可达 94％。与其他技术相比，微生物吸附法的优势为：(1)在低浓度下，重金属可被选择性地去除；(2)处理时间短，效率高；(3)处理条件，如温度和 pH 的范围宽；(4)投资小，运行成本低；(5)可有效地回收重金属，无二次污染。另外，利用微生物作为吸附剂进行废水处理，还可回收重金属，具有良好的经济效益。

微生物吸附重金属离子的机制主要包括：重金属离子与菌体之间产生静电吸引，重金属离子与菌体外有机大分子物质及活性基团之间的结合，以及重金属化合物在菌体表面和内部的沉积作用。菌体对重金属的吸附作用受到多种环境因素的影响，主要包括：菌体的培养时间和预处理会改变微生物表面的带电性，从而改变菌体细胞结构及重金属离子组合剂的含量。吸附 pH 会改变水溶液中的 H^+ 浓度，H^+ 与吸附重金属离子的活性位点竞争结合；若用稀碱液浸泡菌体可减少菌体及水溶液中的 H^+ 对重金属离子吸附的竞争，用稀酸溶液浸泡则相反。用乙醇和蒸馏水浸泡，减少菌体表面的活性物质及基团数量，也会降低菌体对重金属的吸附作用。吸附温度不仅影响吸附速度，还影响吸附过程中某些酶的活性。

再生和重金属离子可回收是理想生物吸附剂的判别标准。在低 pH 溶液中，可减弱 H^+ 与重金属离子的竞争，使菌体的吸附量减少；因而降低溶液的 pH 可解吸菌体吸附的重金属离子；再加具有强络合能力的配位体，可达到充分解吸的目的。研究表明，HCl 溶液和 EDTA 是良好的解吸剂，0.1 mol/L HCl 溶液的洗脱率为 94.3％，0.1 mol/L EDTA 溶液的洗脱率为 95.6％。用再生的菌体做实验，吸附量会逐渐降低；经 6 次回用后，菌体的吸附量仅为第一次的 30％。其原因是某些基团的吸附是不可逆的，菌体回用处理过程中会使部分活性基团损伤或失活。

附 录

附录 1　染色液的配制

1. 吕氏(Loeffler)碱性亚甲蓝染液

A 液:亚甲蓝(methylene blue)　　　　　　0.3 g

　　95%乙醇　　　　　　　　　　　　30 ml

B 液:KOH　　　　　　　　　　　　　0.01 g

　　蒸馏水　　　　　　　　　　　　100 ml

　　分别配制 A 液和 B 液,配好后混合即可。

2. 齐氏(Ziehl)石炭酸复红染液

A 液:碱性复红(basic fuchsin)　　　　　　0.3 g

　　95%乙醇　　　　　　　　　　　　10 ml

B 液:石炭酸　　　　　　　　　　　　5.0 g

　　蒸馏水　　　　　　　　　　　　95 ml

将碱性复红在研钵中研磨成粉末,逐渐加入 95%乙醇,继续研磨使其溶解,配成 A 液;将石炭酸溶解于水中,配成 B 液。混合 A 液与 B 液即成;通常将此液稀释 5～10 倍使用,稀释液容易变质,一次不宜多配。

3. 革兰氏(Gram)染液

(1)草酸铵结晶紫染液

A 液:结晶紫(crystal violet)　　　　　　　2.0 g

　　95%乙醇　　　　　　　　　　　　20 ml

B 液:草酸铵(ammonium oxalate)　　　　0.8 g

　　蒸馏水　　　　　　　　　　　　80 ml

混合 A、B 两液,静止 48 h 后方可使用。

(2)卢戈氏(Lugol)碘液

　　碘片　　　　　　　　　　　　　1.0 g

碘化钾	2.0 g
蒸馏水	300 ml

先将碘化钾溶解于少量水中,再将碘片溶解在碘化钾溶液中,待碘完全溶解后,加足水分即成。

（3）番红复染液

番红（safranine O）	2.5 g
95％乙醇	100 ml

取上述配好的番红乙醇溶液 10 ml 与 80 ml 蒸馏水混匀即成。

4. 芽孢染色液

（1）孔雀绿染液

孔雀绿（malachite green）	5 g
蒸馏水	100 ml

（2）番红水溶液

番红	0.5 g
蒸馏水	100 ml

（3）苯酚品红溶液

碱性品红	11 g
无水乙醇	100 ml

取上述溶液 10 ml 与 100 ml 的 5％苯酚溶液混合,过滤备用。

（4）黑色素（nigrosin）溶液

水溶性黑色素	10 g
蒸馏水	100 ml

称取黑色素 10 g 溶于 100 ml 蒸馏水中,置于沸水浴中 30 min,滤纸过滤 2 次,补充水到 100 ml,加 0.5 ml 甲醛,备用。

5. 荚膜染色液

（1）黑色素水溶液

黑色素	5 g
蒸馏水	100 ml
福尔马林（40％甲醛）	0.5 ml

将黑色素在蒸馏水中煮沸 5 min,然后加福尔马林作为防腐剂。

（2）番红染液

与革兰氏染色的番红复染液相同。

6. 鞭毛染色液

(1)硝酸银鞭毛染液

| A 液:丹宁酸 | 5.0 g |
| FeCl₃ | 1.5 g |

$\quad$ A 液:丹宁酸 $\qquad$ 5.0 g

$\qquad$ FeCl$_3$ $\qquad$ 1.5 g

$\qquad$ 蒸馏水 $\qquad$ 100 ml

$\qquad$ 福尔马林(15%) $\qquad$ 2.0 ml

$\qquad$ NaOH(1%) $\qquad$ 1.0 ml

冰箱内可保存 3~7 d,延长保存期会产生沉淀;用滤纸除去沉淀后,仍然能使用。

$\quad$ B 液:AgNO$_3$ $\qquad$ 2.0 g

$\qquad$ 蒸馏水 $\qquad$ 100 ml

将 AgNO$_3$ 溶解后,取出 10 ml 备用;向其余 90 ml AgNO$_3$ 中滴入浓 NH$_4$OH,使之成为浓厚的悬浮液,再继续滴加 NH$_4$OH,直到新形成的沉淀又重新开始溶解。再将备用的 10 ml AgNO$_3$ 缓慢滴入,出现薄雾状沉淀;轻轻摇动后薄雾状沉淀又消失,再滴入 AgNO$_3$,直至轻摇后仍然呈现轻微、稳定的薄雾状。冰箱内保存通常有 10 d 使用期;若雾重,则银盐已沉淀,不宜再用。

(2)Leifson 氏鞭毛染液

$\quad$ A 液:碱性复红 $\qquad$ 1.2 g

$\qquad$ 95%乙醇 $\qquad$ 100 ml

$\quad$ B 液:丹宁酸 $\qquad$ 3.0 g

$\qquad$ 蒸馏水 $\qquad$ 100 ml

$\quad$ C 液:NaCl $\qquad$ 1.5 g

$\qquad$ 蒸馏水 $\qquad$ 100 ml

临用时将 3 种溶液等量混合均匀就可使用。在室温条件下,3 种溶液均可保存几周;若用冰箱保存,可保存数月。混合液装于密封瓶内,在冰箱也可保存几周。

7. 富尔根氏核染色液

(1)席夫氏(Schiff)试剂

将 1.0 g 碱性复红加入 200 ml 煮沸的蒸馏水中,振荡 5 min,冷却至 50 ℃ 左右过滤,再加入 1 mol/L HCl 溶液 20 ml,摇匀。冷却至 25 ℃,加 Na$_2$S$_2$O$_5$(偏重亚硫酸钠)3 g,摇匀后装在棕色瓶中,黑纸包裹,暗处放置过夜,此时试剂应为淡黄色(若为粉红色则不能用),再加中性活性炭过滤,滤液振荡 1 min 后,再过滤,此滤液放置冷暗处备用。注意:过滤需在避光条件下进行;配制所用的器具都需洁净、干燥,以避免还原性物质的影响。

（2）Schandium 固定液

A 液：饱和升汞水溶液 50 ml 加 95％乙醇 25 ml 混合。

B 液：冰醋酸。

取 A 液 9 ml＋B 液 1 ml，混合后加热至 60 ℃。

（3）亚硫酸水溶液

10％偏重亚硫酸钠水溶液 5 ml，1 mol/L HCl 溶液 5 ml，加蒸馏水 100 ml 混合即成。

8. 乳酸石炭酸棉蓝染色液

石炭酸	10 g
乳酸（相对密度 1.21）	10 ml
甘油	20 ml
蒸馏水	10 ml
棉蓝（cotton blue）	0.02 g

将石炭酸于蒸馏水中加热溶解，然后加入乳酸和甘油，最后加入棉蓝，使其溶解即成。

9. 0.5％沙黄（Safranine）液

沙黄	2.5 g
95％乙醇	100 ml

2.5％沙黄乙醇液为母液，保存于密封的棕色瓶中；使用液临用时配制，20 ml 母液，加入蒸馏水 80 ml，混匀。

10. 1％瑞氏（Wright's）染色液

瑞氏染料粉末	0.3 g
甘油	3 ml
甲醇	97 ml

将瑞氏染料粉末置于干燥的乳钵内研磨，先加甘油，再加甲醇，放在玻璃瓶中过夜，过滤即成。

11. 亚甲蓝（Levowitz Weber）染液

在盛有 52 ml 95％乙醇和 44 ml 四氯甲烷的三角烧瓶中，缓缓加入氯化亚甲蓝（methylene blue chloride）0.6 g，旋摇三角烧瓶，使其溶解。在 5～10 ℃下放置 12～24 h，再加入 4 ml 冰醋酸。用质量较好的滤纸过滤，贮存于清洁、密闭的容器内。

12. Giemsa 染液

Giemsa 粉剂	0.5 g
甘油	33 ml
无水甲醇	33 ml

将 Giemsa 粉剂先溶解于少量甘油中,在研钵内研磨(约 30 min)至没有颗粒,再加入剩余的甘油,于 56 ℃温箱内保温 2 h,最后加入甲醇,搅拌均匀后用棕色瓶保存。

母液配制后放入冰箱可长期保存,刚配制的母液染色效果欠佳,保存数月的染色效果好;使用液在临用时配制,取 1 ml 母液,加入 pH 7.2~7.4 的磷酸缓冲液 19 ml,混匀。

附录 2 试剂和溶液的配制

1. 中性红指示剂

中性红	0.04 g
95%乙醇	28 ml
蒸馏水	72 ml

中性红常用质量浓度为 0.04%,在 pH 6.8~8.0 时溶液由红变黄。

2. 甲基红试剂

甲基红(methyl red)	0.04 g
95%乙醇	60 ml
蒸馏水	40 ml

先将甲基红溶于乙醇中,再加蒸馏水,混匀。

3. VP 试剂

(1)5% α-萘酚无水乙醇溶液

α-萘酚	5.0 g
无水乙醇	100 ml

(2)40%KOH 溶液

KOH	40 g
蒸馏水	100 ml

4. 溴甲酚紫指示剂

溴甲酚紫	0.04 g
0.01 mol/L NaOH 溶液	6.4 ml
蒸馏水	93.6 ml

溴甲酚紫常用质量浓度为 0.04%,在 pH 5.2~6.8 时溶液由黄变紫。

5. 溴麝香草酚蓝指示剂

溴麝香草酚蓝	0.04 g

| 0.01 mol/L NaOH 溶液 | 6.4 ml |
| 蒸馏水 | 93.6 ml |

溴麝香草酚蓝常用质量浓度为 0.04％,在 pH 6.2～7.6 时溶液由黄变蓝。

6. 奈氏(Nessler's)试剂

碘化钾	35 g
氯化汞	1.3 g
蒸馏水	70 ml

将两种药品溶解于水(无氨)中,再加入 10％KOH 溶液 30 ml;必要时过滤,并保存于密闭的玻璃瓶中,保存期通常只有 3 周。

7. Kovac 试剂(吲哚实验用)

对二甲基氨基苯甲醛	2 g
95％乙醇	190 ml
浓盐酸	40 ml

将 2 g 对二甲基氨基苯甲醛溶于 95％乙醇中,再缓慢加入浓盐酸。

8. 格里斯氏(Griess)试剂(检查 NO_2^-)

(1)A 液

| 对氨基苯磺酸 | 0.5 g |
| 10％稀醋酸 | 150 ml |

(2)B 液

α-萘胺	0.1 g
蒸馏水	20 ml
10％稀醋酸	150 ml

9. 氧化酶试剂(1％溶液)

| 盐酸对氨基二甲基苯胺 | 1 g |
| 蒸馏水 | 100 ml |

装于暗色玻璃瓶内,置于冰箱保存。

10. 酚酞指示剂(10 g/L)

| 酚酞 | 0.5 g |
| 95％乙醇 | 50 ml |

11. 二苯胺试剂(检查 NO_3^-)

| 二苯胺 | 0.5 g |
| 蒸馏水 | 20 ml |

| 浓硫酸 | 100 ml |

将二苯胺溶于蒸馏水中,再徐徐加入浓硫酸。

附录3 常见培养基的配制

1. 牛肉膏蛋白胨培养基(用于培养细菌)

牛肉膏	3.0 g
蛋白胨	10.0 g
NaCl	5.0 g
琼脂	15～20 g
水	1000 ml
pH	7.4～7.6

液体培养基不加琼脂,固体培养基加 15～20 g 琼脂,半固体培养基加 0.35～0.4 g 琼脂。

2. 高氏(Gause)Ⅰ号培养基(用于培养放线菌)

可溶性淀粉	3.0 g
NaCl	5.0 g
KNO_3	1.0 g
$K_2HPO_4 \cdot 3H_2O$	0.5 g
$MgSO_4 \cdot 7H_2O$	0.5 g
$FeSO_4 \cdot 7H_2O$	0.01 g
琼脂	15～25 g
水	1000 ml
pH	7.4～7.6

配制时先称取可溶性淀粉,用少量冷水将其调成糊状,倒入沸水中,继续加热使其完全溶化;再依次加入其他成分,逐个溶解后补足水分。

3. 马丁氏(Martin)培养基(用于分离真菌)

KH_2PO_4	1.0 g
$MgSO_4 \cdot 7H_2O$	0.5 g
蛋白胨	5.0 g
葡萄糖	10 g

琼脂	15~20 g
水	1000 ml
pH	自然

配制完成后加孟加拉红,1000 ml 培养基中加 1％孟加拉红水溶液 3.3 ml;链霉素在临用时添加,100 ml 培养基中加 1％链霉素水溶液 0.3 ml,使其最终质量浓度为 30 μg/ml。

4. 查氏(Czapek)培养基(用于培养霉菌)

$NaNO_3$	2.0 g
$K_2HPO_4 \cdot 3H_2O$	1.0 g
KCl	0.5 g
$MgSO_4 \cdot 7H_2O$	0.5 g
$FeSO_4 \cdot 7H_2O$	0.01 g
蔗糖	30 g
琼脂	15~20 g
水	1000 ml
pH	自然

5. 马铃薯培养基(简称 PDA,用于培养真菌)

马铃薯	200 g
蔗糖或葡萄糖	5.0 g
琼脂	15~25 g
水	1000 ml
pH	自然

马铃薯去皮,切成小块煮沸半小时,用纱布过滤后,加糖和琼脂,溶化后补足水分。

6. 淀粉培养基

牛肉膏	5.0 g
蛋白胨	10.0 g
NaCl	5.0 g
可溶性淀粉	2.0 g
琼脂	15~20 g
水	1000 ml
pH	7.2

7. LB(Luria-Bertani)培养基(用于培养大肠埃希氏菌等细菌)

| 蛋白胨 | 10.0 g |

酵母膏	5.0 g
NaCl	10.0 g
水	1000 ml
pH	7.0

8. 麦芽汁琼脂培养基(用于分离酵母和丝状真菌)

(1)取大麦或小麦若干,用水洗净,清水浸泡 6～12 h,置于阴暗处发芽,上盖纱布一块,每天早、中、晚淋水一次,待麦根伸长至麦粒的两倍时,摊开晒干或烘干,贮存备用。

(2)将干麦芽研碎,1 份麦芽加 4 份水,65 ℃水浴中糖化 3～4 h,糖化程度可用碘滴定。

(3)将糖化液用 4～6 层纱布过滤,滤液若浑浊不清,可用鸡蛋白澄清;方法是将一个鸡蛋白加水约 20 ml,调匀至生泡沫,然后倒入糖化液中搅拌煮沸后再过滤。

(4)将滤液稀释到 5～6 波美度,pH 约为 6.4,再加入 2%琼脂。

9. 蛋白胨水培养基(用于吲哚实验)

蛋白胨	10.0 g
NaCl	5.0 g
水	1000 ml
pH	7.4～7.6

121 ℃灭菌 20 min。

10. 糖发酵培养基(用于糖发酵实验)

蛋白胨水培养基	1000 ml
1.6%溴甲酚紫乙醇溶液	1～2 ml
pH	7.6

另配 20%糖溶液(葡萄糖、乳糖、蔗糖等)各 10 ml。

配制:(1)将上述含指示剂的蛋白胨水培养基分装于试管中,每管 10 ml,管内放 1 个倒置的小玻璃管,使管内充满培养液;(2)将已分装的蛋白胨水和 20%的各种糖溶液分别灭菌,蛋白胨水 121 ℃灭菌 20 min;糖溶液 112 ℃灭菌 30 min;(3)灭菌后,在每管培养基中分别加入 20%的糖溶液 0.5 ml,最终糖浓度为 1%。

11. 伊红亚甲蓝培养基(EMB,用于鉴别大肠菌群)

蛋白胨	10 g
KH_2PO_4	2.0 g
乳糖	10.0 g
2%伊红水溶液	20 ml
0.65%亚甲蓝溶液	10 ml

琼脂	15～20 g
水	1000 ml
pH(先调 pH,再加伊红、亚甲蓝)	7.2

乳糖在高温灭菌时容易破坏,一般在 115 ℃灭菌 20 min。

或者:蛋白胨水琼脂培养基 100 ml,20%乳糖溶液 2 ml,2%伊红水溶液 2 ml,0.5%亚甲蓝水溶液 1 ml;将已灭菌的蛋白胨水琼脂培养基(pH 7.6)加热熔化,冷却至 60 ℃左右时,再依次加入已灭菌的乳糖溶液、伊红水溶液和亚甲蓝水溶液,摇匀后立即倒平板。

12. 葡萄糖蛋白胨水培养基(用于 VP 和 MR 实验)

蛋白胨	5.0 g
葡萄糖	5.0 g
K_2HPO_4(或 $K_2HPO_4 \cdot 3H_2O$)	2.0 g(2.62 g)
水	1000 ml

将上述各成分溶于 1000 ml 水中,调 pH 7.0～7.2,过滤;分装到试管中,每管 10 ml,在 121 ℃灭菌 20 min。

13. 豆芽汁蔗糖(或葡萄糖)培养基

黄豆芽	100 g
蔗糖或葡萄糖	50 g
水	1000 ml
pH	自然

称取新鲜豆芽 100 g,放入烧杯中,加水 1000 ml,煮沸约 30 min,用纱布过滤;补足水量,再加入蔗糖或葡萄糖 50 g,煮沸溶化;121 ℃灭菌 20 min。

14. 麦氏(Meclary)琼脂(用于培养酵母)

葡萄糖	1.0 g
KCl	1.8 g
酵母浸膏	2.5 g
醋酸钠	8.2 g
琼脂	15～20 g
水	1000 ml

112 ℃灭菌 30 min。

15. 明胶培养基

牛肉膏蛋白胨液	100 ml
明胶	12～18 g

水	900 ml
pH	7.2～7.4

在水浴锅中将上述成分溶化,不断搅拌,待完全溶化后调 pH;121 ℃灭菌 30 min。

16. 油脂培养基

蛋白胨	10.0 g
牛肉膏	5.0 g
NaCl	5.0 g
香油或花生油	10.0 g
1.6%中性红水溶液	1 ml
琼脂	15～20 g
水	1000 ml
pH	7.2

121 ℃灭菌 30 min。

注:(1)不能使用变质油;(2)油、琼脂和水先加热;(3)先调 pH,再加中性红;(4)分装时需要不断搅拌,使油均匀分布于培养基中。

17. 厌氧培养基

蛋白胨	5 g
酵母膏	10 g
葡萄糖	10 g
胰酶解酪蛋白	20 g
盐溶液*	10 ml
0.025%刃天青液	4 ml
半胱氨酸盐酸盐	0.5 g
琼脂	15 g
水	1000 ml

pH 7.0,在 121 ℃灭菌 20 min。

该培养基中,半胱氨酸为还原剂,刃天青是氧化还原剂,它具有双重作用,在有氧条件下起 pH 指示剂的作用,在碱性时呈蓝色,酸性时呈红色,中性时呈紫色;而在培养基处于无氧状态时,刃天青变为无色。此时,培养基的氧化还原电位约为 −40 mV,可以满足一般厌氧菌的生长繁殖。

*盐溶液的成分:无水 $CaCl_2$ 0.2 g,$MgSO_4 \cdot 7H_2O$ 0.48 g,K_2HPO_4 1 g,KH_2PO_4 1 g,$NaHCO_3$ 10 g,NaCl 2 g,蒸馏水 1000 ml。配制方法:用 300 ml 水加入 $CaCl_2$ 和 $MgSO_4$,待

溶解后,加水 500 ml,并陆续加入其余盐类,不断搅拌,待全部溶解后补充水分至 1000 ml。

18. 庖肉培养基(用于厌氧菌的培养与保藏)

(1)去膘牛肉:取已去筋膜、脂肪的牛肉 500 g,切成黄豆大小的颗粒,放入盛有 1000 ml 蒸馏水的烧杯中,用文火煮沸 1 h。

(2)过滤:用纱布过滤后,取若干牛肉渣粒装入亨盖特滚管或普通试管中,装量达 15 mm 的高度;再在各试管中加入 pH 7.4~7.6 的牛肉膏蛋白胨液体培养基 10~12 ml,塞上黑色异丁基橡胶塞。

(3)灭菌:在异丁基橡胶塞上插 1 枚注射器针头,放入灭菌锅内,在 121 ℃灭菌 20 min;灭菌后立即拔去针头,并塞紧管塞。若以无氧法分装成的无氧培养基的亨盖特滚管,则可免插注射器针头,但要将各滚管塞压紧后再灭菌,这样制备成的滚管称为 PRAS 培养基(或预还原性厌氧无菌培养基),使用前不必除氧,但需无氧无菌操作法转移或接种。

(4)使用前除氧:若厌氧培养基在存放时有氧气渗入,使用前需置于水浴中煮沸10 min,以去除溶入的氧,在高纯氮气饱和下冷却后避氧无菌操作接种。

19. 无氮培养基(自生固氮菌、钾细菌)

甘露醇(或葡萄糖)	10 g
$K_2HPO_4 \cdot 3H_2O$	0.2 g
$MgSO_4 \cdot 7H_2O$	0.2 g
NaCl	0.2 g
$CaSO_4 \cdot 2H_2O$	0.2 g
$CaCO_3$	5.0 g
水	1000 ml
pH	7.6

该培养基常在 112 ℃灭菌 30 min。

20. 基本培养基

K_2HPO_4	10.5 g
KH_2PO_4	4.5 g
$(NH_3)_2SO_4$	1.0 g
柠檬酸钠·$2H_2O$	0.5 g
水	1000 ml

在 121 ℃灭菌 20 min,需用时再加入:

糖(20%)	10 ml
1%维生素 B_1(硫胺素)	0.5 ml

链霉素(50 mg/ml)4 ml,最终质量浓度	200 μg/ml
氨基酸(10 mg/ml)4 ml,最终质量浓度	40 μg/ml
pH	自然(～7.0)

21. 乳糖蛋白胨培养液(用于水的细菌学检查)

蛋白胨	10.0 g
牛肉膏	3.0 g
乳糖	5.0 g
NaCl	5.0 g
1.6%溴甲酚紫乙醇溶液	1 ml
水	1000 ml

将蛋白胨、牛肉膏、乳糖和 NaCl 加热溶解于 1000 ml 水中,调 pH 至 7.2～7.4;加溴甲酚紫乙醇溶液,充分混匀,分装于有 1 小导管的试管中;115 ℃灭菌 20 min。

22. 石蕊牛奶培养基

牛奶粉	100 g
石蕊	0.075 g
水	1000 ml
pH	6.8

在 121 ℃灭菌 15 min。

23. 尿素琼脂培养基

尿素	20 g
琼脂	15 g
NaCl	5 g
KH_2PO_4	2 g
蛋白胨	1 g
酚红	0.012 g
蒸馏水	1000 ml
pH	6.8±0.2

在蒸馏水 100 ml 中加入上述各种成分(琼脂除外);混合均匀,过滤除菌。将琼脂加到 900 ml 蒸馏水中,煮沸溶解,121 ℃灭菌 15 min;冷却至 50 ℃左右,加入已除菌的培养基,混匀后分装于无菌试管中,制成斜面。

24. 远藤氏(Difco's)培养基

蛋白胨	10 g

乳糖	10 g
K₂HPO₄	3.5 g
琼脂	20～30 g
蒸馏水	1000 ml
无水亚硫酸钠	5 g
5％碱性复红乙醇溶液	20 ml

先将琼脂加入 900 ml 蒸馏水中,加热溶解,再加入磷酸氢二钾和蛋白胨,使之溶解,补足蒸馏水至 1000 ml,调 pH 至 7.2～7.4;加入乳糖,溶解混匀后,115 ℃灭菌 20 min。再将亚硫酸钠置于一个无菌的空试管中,直至深红色褪成淡红色;将此亚硫酸钠与碱性复红的混合液全部加到上述已灭菌仍然保存溶化状态的培养基中,充分摇匀,倒平板,放在冰箱中保存备用;贮存时间不宜超过 2 周。

附录 4　常用的化学消毒剂和杀菌剂

化学消毒剂(chemical disinfectants)是指能作用于微生物和病原体,使其蛋白质变性,失去正常功能而死亡的化学药物。按照其作用效应,可分为低效消毒剂、中效消毒剂、高效消毒剂和杀菌剂;按照其化学特性,可分为氧化类消毒剂,醛类消毒剂,酚类消毒剂,醇类消毒剂,酸、碱、盐类消毒剂,卤素类消毒剂和表面活性剂类消毒剂等 7 类。

1. 氧化类消毒剂:通过释放出新生态原子氧,氧化菌体内的活性基团而杀菌;特点是作用快而强,能杀死所有微生物,包括细菌芽孢和病毒,属于杀菌剂。

(1)高锰酸钾($KMnO_4$):俗名灰锰氧,0.1％的水溶液用于水果等食物消毒,0.01％～0.02％的水溶液用于某些有机物中毒的洗胃及尿道灌洗;0.1％～0.5％的水溶液可外用清洗伤口。

(2)二氧化氯(ClO_2):无色或淡黄色透明液体,在水溶液中以分子态存在,能使细菌、病毒、浮游微生物中的蛋白质氧化变性而达到消毒效果。在水中不水解、不聚合,在 pH 2～9 时其杀菌能力比氯气大 5 倍以上,对病原微生物、芽孢、水系统中的厌氧菌、硝酸盐还原菌、真菌、藻类都有良好的杀灭作用;在 pH 5～9 时其杀菌率为 99％以上,且不生成氯仿等有害物质。因此,ClO_2 是一种新型的广谱、安全、快速、高效的氧化消毒剂,被联合国卫生组织(WHO)列为 AI 级安全消毒剂。

(3)过氧化氢(H_2O_2):俗名双氧水,无色、无臭的液体,1％的水溶液用于口腔含漱;0.3％的水溶液静脉注射,抢救中毒休克患者;3％的水溶液用于清洗伤口,如创伤、溃疡和脓疱等;乙肝病毒或芽孢,用10%的溶液浸泡2h。该溶液易受有机物影响,且稀溶液不稳定;对金属有较强的腐蚀性,浓溶液不可接触皮肤、黏膜,也不可与还原剂、碱、碘化物、高锰酸盐一起使用。

2. 醛类消毒剂:通过使蛋白质变性或烷基化而抑杀菌;对细菌、芽孢、真菌和病毒均有效,但温度影响较大,可作为杀菌剂使用。

(1)甲醛($HCHO$):一种无色、有刺激性气味的气体,易溶于水;福尔马林是35%～40%的甲醛水溶液。2%～4%的甲醛水溶液,常用于器械消毒;0.1%～0.5%的甲醛溶液常用于浸泡生物标本。另外,用熏蒸法还可消毒病房和被褥等物品,但甲醛蒸汽的穿透力差,消毒物品应摊开。

(2)戊二醛:一种无色油状液体,刺激性很大、有异味和毒性,是杀菌作用最强的一种消毒剂,比甲醛大2～10倍。通常,将戊二醛配制成稀碱溶液杀菌消毒;但在消毒操作时须佩戴手套、口罩和护目镜,且要加盖保存,避免挥发。

3. 酚类消毒剂:通过使蛋白质变性、沉淀或使酶失活,以抑杀细菌,对真菌和部分病毒也有效。

(1)苯酚(C_6H_5—OH):俗称石炭酸,纯品为无色晶体,有特殊气味。浓溶液对皮肤有强烈的腐蚀性,可作为防腐剂和消毒剂。0.5%～3%的水溶液可用于消毒外科手术用具;1%水溶液用于喷洒和擦拭房间、家具、浸泡医疗器具,散布于病人排泄物上等消毒。日常所用的肥皂中也掺有少量苯酚。

(2)来苏水:也称煤酚皂溶液,含煤酚4%～53%,其他是肥皂和水;煤酚是邻、间、对甲酚的混合物。稀释为5%～10%的水溶液,用于病人用具、排泄物及环境消毒,杀菌能力比苯酚强。

4. 醇类消毒剂:通过使蛋白质变性,干扰代谢而抑杀菌;对芽孢、真菌和病毒无效,属于中效消毒剂,只用于一般性消毒。

(1)乙醇:俗称酒精,无色、透明、无特殊气味的液体。常用于皮肤和医疗器械的消毒,70%～75%的水溶液消毒效果最好;浓度过高会使菌体表层蛋白质迅速凝固而妨碍乙醇向细胞内渗透,影响杀菌能力;浓度过低,无法杀死细菌。

(2)异丙醇:无色、易挥发性液体,70%～75%的水溶液用于擦拭和浸泡消毒,可杀灭细菌菌体、部分病毒和真菌孢子,但不能杀灭芽孢。

5. 酸、碱、盐类消毒剂:通过使蛋白质变性、沉淀或溶剂而抑杀菌,只能杀死细菌菌体,不能杀死细菌芽孢和病毒;杀菌作用弱,只作为一般性预防消毒剂。

(1)酸类:主要有柠檬酸、醋酸、乳酸、苯甲酸、过氧乙酸等,可使菌体蛋白变性、沉积或溶解,对多种细菌、真菌等均有杀灭作用,且对环境无不良影响。醋酸为乙酸的俗名,具有杀菌、防腐作用,无水醋酸又称为冰醋酸,食醋含醋酸5%,加热熏蒸可以防治感冒、流感,也用于对室内空气消毒。苯甲酸(C_6H_5COOH)俗名为安息香酸,针状白色晶体,其抑菌、防腐能力强,对人体无毒无害;常以其钠盐加入食品中(含量约0.1%),防腐杀菌效果良好。过氧乙酸为无色透明液体,易挥发,具有很强的广谱杀菌作用,能有效地杀死细菌菌体、真菌、病毒、芽孢和其他微生物,可以浸泡、擦拭、喷雾、熏蒸等,且不残留毒性,广泛用于地面、门窗、家具、衣服被褥、餐具、食物、手与皮肤和运输工具等的消毒。

(2)碱类:主要有氧化钙(生石灰)、氢氧化铵溶液(氨水)。氧化钙与水混合生成氢氧化钙,并释放很多热,能迅速溶解细菌蛋白质膜,使其丧失生机,可杀死池中的病原体和残留于池中的敌害生物,常用于清塘和疾病防止。

(3)盐类:包括氯化钠、碳酸氢钠、乙二胺四乙酸二钠(EDTA-2Na)、硫酸亚铁、硼砂等。氯化钠常作为高渗剂,使细胞内液的平衡失调,可用于防治细菌、真菌或寄生虫病;碳酸氢钠与食盐合用,可用于防治水霉病;EDTA是广谱的金属络合剂,常作为软水剂。

(4)重金属盐类:包括高锰酸钾、硫酸铜、汞盐、银盐等,能与细菌蛋白质作用产生蛋白盐沉积;能杀灭细菌与真菌,对芽孢、病毒效能差。

6. 卤素类消毒剂:通过氧化菌体中的活性基因,与氨基结合使蛋白变性。特点是能杀死大部分微生物,以表面消毒为主,性质不稳定,杀菌效果受环境条件影响大。

(1)新洁尔灭:化学名为十二烷基-N,N-二甲基苄铵溴,又称苯扎溴铵,是淡黄色液体,具芳香味,表现温和,毒性低,无刺激性;对革兰氏阳性菌和阴性菌均有杀菌作用。0.1%的水溶液用于消毒黏膜,0.1%～02%的溶液可对未损伤的皮肤消毒;0.1%的水溶液和0.5%$NaNO_2$混合液用于外科器械消毒;1:2500水溶液用于洗手消毒。

(2)消毒净:含二氯异氰尿酸钠和无水硫酸钠等成分的复合消毒剂,对革兰氏阳性菌和阴性菌都有杀菌作用,刺激性较小,0.1%的水溶液可用于手、皮肤和黏膜的消毒5～10 min,也可用于手术器具消毒30 min。消毒净不可与合成洗涤剂或阴离子表面活性剂接触,以免失效,也不可与普通肥皂配伍;在水质硬度过高的地区,使用浓度要适当提高。

(3)漂白粉:又称氯石灰,为$CaCl_2$和$Ca(ClO)_2$的混合物,有效氯为25%～30%;其消毒原理是$Ca(ClO)_2$与CO_2、H_2O反应生成具有强氧化性的$HClO$,能氧化原浆蛋的活性而杀菌,常用于饮水和排泄物的消毒。

(4)84消毒液:属无机氯类($NaClO$水溶液),是一种高效、广谱、无毒、去污力强的消毒剂,能快速杀灭甲型、乙型肝炎病毒、艾滋病病毒、脊髓灰质炎病毒和细菌芽孢等致病微生物。可用于衣服被褥、病人呕吐物及容器、家用物品、运输工具、垃圾等的消毒,也可用于瓜果蔬菜的消毒。

(5)碘酒:为碘2%与1%～5% KI酒精溶液,呈棕黄色。具有很强的杀菌和消肿作用,常用于皮肤消毒、毒虫叮咬及疔疮等皮肤感染,但不能与红汞同时涂于患处。

(6)红汞:汞溴红,俗称红药水、二百二,是用汞和溴人工合成的一种有机化合物。2%～4%的水溶液作为皮肤伤口或皮肤黏膜的消毒,忌与碘同用。

(7)甲紫:也称甲紫、紫药水,是一种含氯的有机化合物,1%～2%水溶液或酒精溶液,用于皮肤、黏膜创伤、感染及溃疡,杀菌作用极强且无刺激性。

7. 表面活性剂类消毒剂:通过改变细胞膜的透性,使细胞质外漏,抑制呼吸或使蛋白酶变性。特点是能杀死细菌菌体,但对芽孢、真菌、病毒、结核病菌作用差;且在碱性和中性条件下效果好。

(1)阳离子表面活性剂:如季铵盐类,包括新洁尔灭、氯己定洗必泰、度米芬、消毒净、百毒杀等。可改变细菌的通透性,菌体内的酶、辅酶和代谢产品外漏;阻碍细菌的呼吸及糖酵解过程,使细菌蛋白变性。具有灭菌浓度低、毒性和刺激性小、水溶性好、性质稳定等特点,在低浓度下可抑菌,高浓度时可杀灭多数细菌菌体和部分病毒,但不能杀灭结核杆菌、绿脓杆菌、芽孢和多数病毒。

(2)两性表面活性剂:如汰垢类消毒剂,为一系列氨基酸型两性表面活性剂。其毒性比阳离子型的要小,对结核杆菌、肠道杆菌和真菌的杀灭作用强,对芽孢无杀灭作用;且杀灭作用不受血清、牛奶等影响,但可被肥皂与其他阴离子表面活性剂所中和。

附录5　实验室常用的仪器和设备

1. 普通生物显微镜:有油镜,用于细菌、放线菌和真菌等微生物的形态结构观察。

2. 电热恒温培养箱:用于微生物的培养,可控制的温度范围为30～60 ℃。

3. 电热鼓风干燥箱:简称烘箱,用于玻璃器皿、金属制品等的干热灭菌,可控制的温度范围为10～300 ℃。

4. 高压蒸汽灭菌锅:通过调控蒸汽压力,达到所需温度而实施湿热灭菌。多用于液体或固体培养基的灭菌,有立式、卧式和手提式三种类型,可用电加热或蒸汽加热。

5. 天平:用于药品和其他化学成分的称量。架盘天平的精确度为0.1～0.5 g,托盘或扭力天平的精确度为0.01 g,电子天平的精确度为0.1 mg。

6. pH计:用于检测所配制的试剂、缓冲液和液体培养基的pH(或酸碱度)。

7. 磁力搅拌器:用于所配试剂的溶解与混匀,速度可调。

8. 漩涡混合器:用于试管中菌液或其他溶液的混匀。

9. 恒温水浴锅:用于水浴保温,可控制的温度范围为20～90 ℃;用于半固体培养基,或其他恒温的反应液的保温。

10. 电热振荡器:简称摇床,主要分旋转式和往复式两种,温度、转速可调控;用于好养性微生物的通气培养。

11. 分光光度计:具有紫外光和可见光两种检测功能,用于测定菌悬液、反应液、蛋白质或核酸溶液的光密度(OD 值),以确定细胞密度或物质浓度。

附录6　实验室常用的器具

微生物学实验室所用的玻璃器皿,大多要进行消毒和灭菌后才能用来培养微生物。因此,对其质量、洗涤和包装方法均有一定的要求。玻璃器皿的质量一般要求硬质玻璃,才能承受高温和短暂灼烧而不致破坏;玻璃的游离碱含量少,否则会影响培养基的酸碱度。对玻璃器皿形状与包装方法的要求,以能防止污染杂菌为准;洗涤器皿方法不当也会影响实验结果。目前微生物学实验室中,有些玻璃器皿(如培养皿、吸管等)已被一次性塑料制品代替,但玻璃仍然是重要的实验室用具。

(一)玻璃器具的种类与要求

1. 试管

通常用的玻璃试管,其管壁比化学实验所用的厚些,以免在塞棉塞时管口破损;对其形状的要求没有翻口,以防微生物从棉塞与管口的缝隙间进入试管而导致污染,且便于盖试管帽。

常用试管的型号有 3 种:①大试管(18 mm×180 mm),用于盛倒平板用的培养基,也可作制备琼脂斜面用,或盛液体培养基用于微生物的振荡培养;②中试管[(13～15) mm×(100～150) mm],用于盛液体培养基培养细菌或制作琼脂斜面,也可用于细菌、病毒等的稀释和血清学实验。③小试管[(10～12) mm×100 mm],一般用于糖发酵或血清学实验,以及其他需要节省材料的实验。

2. 德汉氏小管(Durham tube)

又称为发酵小套管,用于观察细菌在糖发酵培养基的产气情况时,一般在小试管内再套 1 个倒置的小套管(6 mm×36 mm)。

3. 小塑料离心管

又称 Eppendorf 管,有 1.5 ml 和 0.5 ml 两种型号,主要用于微生物分子生物学实验中,小量菌体的离心、DNA 或 RNA 分子的提取与检测等。

4．吸管

（1）玻璃吸管和吸气器

①玻璃吸管：一般为 1.5 ml 和 10 ml 的刻度玻璃吸管；主要有两种类型，一种是血清学吸管（serological pipette），其指示容量包括管尖的液体体积，使用时需要将所吸液体吹尽；另一种是测量吸管（measuring pipette），其指示容量不包括管尖的液体体积，使用时不能将所吸液体吹尽，而是到达所设计的刻度为止。除了刻度吸管外，有时还需要不计量的吸管——滴管，用于吸取离心后的上清液以及滴加少量试剂、染液等。

②吸气器：在使用吸管时，需要用吸气器，目前主要有 3 种类型。

（2）微量吸管

微量吸管主要用于吸取微量液体，其规格型号很多；每个吸管都标有使用范围，在此范围内可调节其取样体积。使用的操作程序如下：①将合适大小的塑料嘴牢固地套在微量吸管的下端；②旋动调节键，使数字显示器上显示所需吸取的体积；③用大拇指按下调节键，并将吸嘴插入液体中；④缓慢放松调节键，使液体进入吸嘴，并将其移至接收管中；⑤按下调节键，使液体进入接收管；⑥按下排除键，以去除用过的空吸嘴或直接取下吸嘴。

5．培养皿

普通培养皿有皿底和皿盖两部分，均是由玻璃制成的，皿底直径 90 mm，高 15 mm；通常用于制备固体平板，用于分离、纯化和鉴定菌种。有时也需要陶瓷皿盖，使培养基表面干燥；如测定抗生素效价时，培养皿不能倒置培养，则宜用陶器皿盖。

6．三角烧瓶与烧杯

三角烧瓶有 100 ml、250 ml、500 ml 和 1000 ml 等不同大小规格，常用于盛无菌水、培养基和振荡培养微生物等。常用的烧杯有 50 ml、100 ml、250 ml、500 ml 和 1000 ml 等不同大小规格，用于配制培养基和各种溶液。

7．注射器

注射器一般有 1 ml、2 ml、5 ml、10 ml 和 25 ml 等容量；用于注射抗原常用 1 ml 和 5 ml 的，抽取动物血液采用 10 ml、20 ml 和 50 ml 的。微量注射器有 10 μl、20 μl、50 μl 和 100 μl 等容量；用于纸层析、电泳等实验中滴加微量样品。

8．载玻片与盖玻片

普通载玻片大小为 75 mm×25 mm，用于微生物涂片和滴片等制片的观察；盖玻片大小为 18 mm×18 mm。凹玻片是一种特殊的载玻片，玻片相对较厚，中间有一个凹窝；用于悬滴观察活细菌和微室培养。

9．滴瓶与双层瓶

滴瓶用于装各种染液、试剂溶液和生理盐水等。双层瓶由内外 2 个玻璃瓶组成，内层的小锥形小瓶放香柏油,供油镜观察时使用;外层瓶盛放二甲苯,用于擦镜油。

10. 接种工具

接种工具主要有接种环、接种针、接种铲和玻璃涂布器等(图Ⅵ-1);通常用铂或镍等金属制造,原则是软硬适度,能经受火焰反复灼烧,又易冷却。接种细菌和酵母菌用接种环和接种针,其金属丝直径为 0.5 mm;接种放线菌和真菌用接种钩或接种铲,其金属丝直径为 1 mm;在固体平板上涂布用玻璃涂布器。

(二)玻璃器皿的清洗方法

清洁的玻璃器皿是决定微生物实验成败的前提条件,也是实验前的一项重要准备工作。玻璃器皿的清洗方法根据实验目的、器皿种类、所盛物品、洗涤剂类别和钻污程度等不同而有一定差别。

1. 新玻璃器皿的洗涤

新购置的器皿含游离碱较多,通常需要在酸溶液中先浸泡数小时;酸溶液一般用 2% 盐酸或洗涤液。浸泡后,再用自来水冲洗干净。

2. 使用过的玻璃器皿的洗涤

(1)试管、培养皿、三角烧瓶、烧杯等

可用瓶刷或海绵先蘸取少量去污粉或肥皂等洗涤剂刷洗,再用清水冲洗干净;热的肥皂水去污能力更强,可有效去除器皿上的油污。去污粉较难冲洗干净,需要用清水冲洗多次,甚至 10 次以上;或可用稀盐酸摇洗 1 次,再用清水冲洗。洗净的标志是其内壁的水是均匀分布成一薄层;若挂有水珠,尚需洗涤剂浸泡和清水冲洗。清洗后,倒置于铁丝框内或有空心格子的木架上,室温下晾干;在急用时可置于框内或搪瓷盘中在烘箱内烘干。

装有固体培养基的器皿应先将其刮去,再洗涤;带菌的器皿在洗涤前先用 2% 来苏水或 0.25% 新洁尔灭消毒液浸泡 24 h 或煮沸 0.5 h,再用上法洗涤;带病原菌及培养物的器皿,先将器皿高压蒸汽灭菌,倒去培养物后再洗涤。

(2)玻璃吸管

吸过血液、血清、糖溶液或染液等的吸管,使用后需立即投入盛有自来水的量筒或标本瓶内,以免干燥后更难冲洗;量筒或标本瓶底部应垫脱脂棉,以免吸管投入时破损。若吸管顶端塞有棉花,则先将吸管尖端与装在水龙头上的橡皮管连接,用水将棉花冲出,再将其装入吸管自动洗涤器内冲洗;没有自动洗涤器,可用冲出棉花多冲洗片刻。有时,还有必要再用蒸馏水淋洗。清洗后,放在搪瓷盘中晾干,或在烘箱内烘干。

吸过含有微生物培养物的吸管,先投入 2% 来苏水或 0.25% 新洁尔灭消毒液中浸泡 24 h,方可用清水洗涤;吸管壁若有油污,同样需要先用洗涤液浸泡数小时,再洗涤。

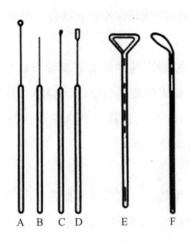

图Ⅵ-1 接种工具

A. 接种环　B. 接种针　C. 接种钩　D. 接种铲　E与F. 玻璃涂布器

（3）载玻片与盖玻片

若滴有香柏油，先用皱纹纸擦去或浸泡在二甲苯内摇晃数次，使油垢溶解；再在肥皂水中煮沸 5～10 min，软布或脱脂棉擦拭，自来水冲洗；再在稀洗涤液中浸泡 0.5～2 h，自来水冲洗去洗涤液，蒸馏水淋数次，待干后浸泡于 95% 乙醇中保存备用；使用时，在火焰上烧去乙醇。若检查过活菌，应先投入 2% 来苏水或 0.25% 新洁尔灭消毒液中浸泡 24 h，再清洗。

（三）玻璃器皿的包装

1. 培养皿的包装

培养皿常用旧报纸密封包裹，一般 5～8 套为 1 包；包好后进行干热或湿热灭菌。若有装培养皿的金属筒，则可将培养皿直接放在筒内的框架上，不必用纸包裹。

2. 吸管的包装

（1）塞棉花：取已干燥的吸管，在距其粗头顶端约 0.5 cm 处塞一小段长约 1.5 cm 的棉花，以免使用时将杂菌吹入其中；棉花要塞得松紧恰当。

（2）包装：用宽 4～5 cm、长 55 cm 旧报纸条，将每支吸管的尖端斜放在纸条的近左端，与纸条呈 45°角；将左端多余一段覆折在吸管上，再将整根吸管卷入报纸条，右端多余部分打一小结（图Ⅵ-2）。最后，用一张大报纸将多支包好的吸管捆包，进行干热灭菌。

若有装吸管的金属筒（图Ⅳ-2），可将单独包裹的吸管一起装入筒内，进行灭菌；若每筒内的吸管一次性用完，也可不单独包裹直接装入筒内灭菌，但每支吸管的尖端朝筒底，粗端在筒口。使用时，将筒横放在桌上，用手持粗端抽出。

3. 试管与三角烧瓶

先在管口和瓶口塞好棉花塞（制作方法如图Ⅵ-3）或泡沫塑料塞，再在试管和烧瓶的上

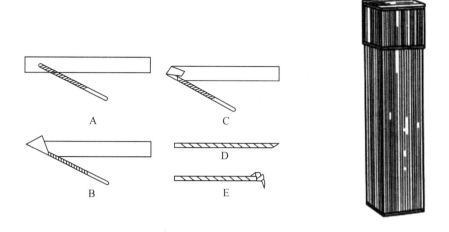

图Ⅵ-2　吸管的包装方法与装吸管的金属筒

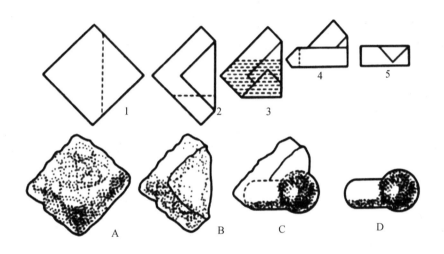

图Ⅵ-3　棉花塞的制作过程

部外面覆盖 1 层牛皮纸或铝箔,也可覆盖 2 层报纸;最后用细线包扎好(若用铝箔,可省去用线包扎)。空器皿一般用干热灭菌,若用湿热灭菌,则需要多用几层报纸。

附录 7　微生物学常用的接种方法

接种是将已获得的纯种微生物,在无菌条件下转移到新鲜的无菌培养基上的过程。接种是微生物学实验中最基本的操作技术,微生物的分离培养、形态结构观察、生理生化特性的检测、菌种的鉴定和保藏等研究,都必须进行接种。

接种须有无菌概念,树立严防外界杂菌侵入研究体系的理念;所有器械和接种过程均须实施规范的无菌操作,以免菌种污染,保证实验体系的纯培养。目前,微生物学实验中常用的接种方法有斜面接种、液体接种、穿刺接种和平板接种等。

（一）斜面接种法

将各种培养条件下的菌株,接入斜面培养基上。接种前,在待接试管上贴好标签,注明菌名、接种日期和接种者等。接种最好在无菌室内进行,也可在清洁密闭的室内进行;室内应预先消毒,用5%来苏水溶液擦洗工作台面。具体操作如下:

1. 点燃酒精灯,在其火焰旁边的无菌区进行接种,以避免杂菌污染。

2. 取菌种和接种用的斜面培养基,两支试管同时握在左手中,中指位于两试管间,管内斜面向上。

3. 右手拿接种环,先垂直、后水平方向,将接种环在酒精灯的外层火焰上灼烧灭菌;至顶部烧红,以保证彻底灭菌。

4. 将灼烧过的接种环伸入菌种管内,让接种环接触斜面上端的培养基或管壁,使其冷却;再将接种环伸向斜面中部蘸取少量菌体,小心地从试管中抽出,不能让环接触管壁和管口;取出后,在火焰旁迅速伸入新试管斜面内,在斜面下方1/5处开始,由下至上轻轻画线,切勿将培养基划破,也不能将菌沾在管壁上。

5. 接种完毕,将接种环灼烧灭菌后,放回原处,以免污染环境;再将试管口和棉塞快速通过火焰灭菌,并在火焰旁塞紧棉塞,置于培养箱中,28 ℃恒温培养1~3 d,观察结果。

（二）液体接种法

将各种培养条件下纯培养物,接种到液体培养基中。在测定微生物生理特性及其代谢产物,以及扩大培养时,通常需将菌种接种到液体培养基中进行培养。

1. 由斜面接入液体培养基

其操作过程与接入斜面的基本相同。主要差别是:①所用的三角瓶或试管内装有液体培养基,不能放水平,管口要略向上倾斜,以免培养液流出;②接种时无须将接种环伸至培养液底部,而是将带菌的接种环在液体表面轻轻搅动几次,使菌体脱落即可。如果是不易产生孢子的放线菌或真菌,接种环不易挑起,可用接种铲或接种钩进行转接。

2. 由菌液接入液体培养基

用液体培养物进行转接时,其操作与斜面接种基本相同。主要差别是:①接种用无菌的滴管或吸管,不用接种环或接种铲等;②接种所需的液体菌种量,按实验需要或原菌液浓度而定。③接种工具,如吸管、试管等不能随即灭菌,需要先用高型玻璃筒存放,工作完毕,进行煮沸灭菌、清洗。另外,斜面培养物也可先制备成菌悬液或孢子悬液,再接种到液体培养基中。

（三）穿刺接种法

穿刺接种是将菌种转接到半固体的柱状培养基上。此法通常用于观察细菌的运动能力，如具鞭毛的细菌，在培养基内可见其沿穿刺线位置向边缘扩散，生长形成波浪形的浑浊状；也可用于测定细菌生长与氧气的关系。若为好氧菌，则只在培养基上部生长，即穿刺线上部变浑浊；若为兼性厌氧菌，则沿着整条穿刺线均有细菌生长而变浑浊。另外，该法还可用于菌种保藏等。

穿刺接种的操作是：用无菌的接种针挑取少量菌体，直接从培养基中间插入，直至接近于管底，但不能穿透培养基；再缓慢地按接种线拔出接种针。接种时，切勿抖动或搅动，以免接种线不整齐而影响观察，或空隙太大而进入空气，使结果不准确。接种完毕，将试管放在试管架，28 ℃恒温培养1～3 d，观察结果。

（四）平板接种法

平板接种是用接种环将菌种转接到平板培养基上，再培养；或用吸管将定量菌液接移到平板培养基上，用无菌涂棒涂布均匀再培养。在分离纯化菌种、观察菌落形态和活菌计数时常采用该法接种。主要有以下几种方法：

1. 斜面接平板

（1）画线法：用接种环从斜面菌苔上挑取少许菌苔接种，或以菌悬液接种。画线的具体操作是：①用左手托起含培养基的平板，以拇指和食指夹住皿盖两侧，其余三个手指托住皿底，拇指稍向上掀盖以打开一缝隙；右手将已取菌的接种环由缝隙伸入平板内，在培养基表面做第一次平行的（或连续的）画线，画线4～5条后，取出接种环灼烧除菌，同时左手将皿盖合上。②将平板向右转60°，用经无菌处理的接种环，再按上法做第二次画线；画线时接种环须通过第一次所划的一条或两条线，以示稀释第一次接种的细胞，画线3～5条。③再灼烧接种环、转平板60°，做第三次画线；同法完成第四次画线。④接种完毕，盖上皿盖，并灼烧接种环，将平板倒置于培养箱，28 ℃恒温培养1～3 d，观察结果。

（2）点接法：用接种环取菌体后，在平板上以三点的形式接种；该法通常在观察霉菌或酵母菌等较大菌落时采用。在接种霉菌时，霉菌的孢子较轻，易飞扬，宜先将孢子制备成悬液，再接种。

2. 液体接平板

用无菌吸管或滴管将定量的菌液转接到平板培养基上，再用无菌涂棒涂均匀；涂布毕，置于培养箱，28 ℃恒温培养1～3 d，观察、计数。

3. 平板接斜面

将平板上分离得到的单菌落转接到斜面培养基上，以保存菌种等。接种前，先选好典型的单菌落，并做好标记；接种时，左手托住平板，用拇指和食指掀起皿盖以打开一缝隙；右手将灼烧过的接种环伸入至平板的菌落边空白处,待冷却后挑取少许菌苔,移出接种环(停留在靠近火焰无菌区),左手放下平板,换拿一支斜面培养基,按斜面接种法进行接种。接种完毕,置于培养箱,28 ℃恒温培养 1～3 d,观察结果。

附录8　微生物营养缺陷型的检测方法

营养缺陷型(auxotroph)是指丧失了合成某种物质,如氨基酸、维生素和核苷酸的能力,不能在基本培养基上生长,需要补充相应的物质才能生长的突变体。这类突变体经富集培养后,还需进一步分离和检测,其主要方法有:

1. 点种法

将经浓缩的菌液(细胞或孢子)在完全培养基上进行分离培养,在平板上出现菌落后,逐个分别点种到基本培养基和完全培养基上,经过一定时间培养后,在完全培养基上能生长并形成菌落,而基本培养基不能形成菌落的菌株,经再次复证仍然如此,可初步确定是营养缺陷型。

2. 生长谱法(auxanography)

(1)将待测菌株经活化后制备成一定浓度的菌悬液($10^7 \sim 10^8$ 个/mL),再将供试菌制成细菌平板。取 1 mL 菌液,分别加在 2 个灭菌过的培养皿中,再向其中加入融化、已冷却的基本培养基,摇动混匀、放平。

(2)待平板凝固后,将 2 个平板底面等分为 8 个格,写好标签后,依次点加少量的营养物质,如混合氨基酸(包括核苷酸)、混合维生素和脯氨酸,也可采用滤纸片法加样;再经 37 ℃恒温培养 24～48 h,观察生长圈,以确定营养缺陷型的种类。

生长谱法快速简明,可在一个培养皿中检测缺陷型菌株对多种化合物的需要情况;也可检测双重或多重营养缺陷型。

3. 夹层培养法(layer plating method)

(1)先在培养皿底倒一层无菌的基本培养基,冷凝后再铺上一层含待测菌的基本培养基,再次冷凝后加上第 3 层(基本培养基)。

(2)培养出现菌落后,在培养皿底面上用记号笔标记首次出现的菌落。

(3)再加上第 4 层(完全培养基),经培养后新出现的小菌落多数是营养缺陷型。若要检测缺陷类型,第 4 层可加含特定生长因子的基本培养基。

4. 限量补给法(limited enrichment)

把经诱变处理和浓缩的细菌接种在含有微量(<0.01%)蛋白胨的基本培养基平板上,

野生型细胞迅速长成较大的菌落,而营养缺陷型因营养受到限制,生长缓慢,只形成微小的菌落。如果想要获得某种特定的营养缺陷型突变株,只要在基本培养基上加入微量的相应物质,就可达到预期的检测目标。

5. 影印培养法(replica planting)

将供试菌(经诱变处理和浓缩的细菌)涂布在完全培养基平板的表面;在菌落出现后,再用已灭菌过的丝绒将菌落影印接种到基本培养基平板表面。

比较上述两个平板上生长的菌落,若在完全培养基平板上出现,而在基本培养基平板上相同位置上不出现的,可初步确定是营养缺陷型。

附录9　环境微生物学中一些常规指标的测定方法

一、BOD 的测定方法

生化需氧量(biochemical oxygen demand,BOD)是指表示水中有机化合物等需氧物质含量的一个综合指标。当水中所含有机物与空气接触时,由于需氧微生物的作用而分解,使之无机化或气体化时所需消耗的氧量,即为生化需氧量,以 mg/L 表示。它通过向所测水样中加入能分解有机物的微生物和氧饱和水,在一定的温度(20 ℃)下,经过规定天数的反应,最后根据水中氧的减少量来测定;我们一般采用的为 BOD_5。

(一)试剂

1. 氯化钙溶液:将 27.5 g 无水氯化钙溶于蒸馏水中,定容至 1 L。

2. 三氯化铁溶液:将 0.25 g $FeCl_3 \cdot 6H_2O$ 溶于蒸馏水中,定容至 1 L。

3. 硫酸镁溶液:将 22.5 g $MgSO_4 \cdot 7H_2O$ 溶于蒸馏水中,定容至 1 L。

4. 磷酸盐溶液:将 8.5 g KH_2PO_4、21.75 g K_2HPO_4、33.4 g $Na_2HPO_4 \cdot 7H_2O$ 和 1.7 g NH_4Cl 溶于蒸馏水中,定容至 1 L。

5. 葡萄糖-谷氨酸溶液:称取 130 ℃恒重 1 h 的葡萄糖和谷氨酸各 150 mg 溶于蒸馏水中,定容至 1 L。

6. 稀释水:在 20 L 玻璃瓶内加入 18 L 水,通入清洁空气 2～8 h,使水中溶解氧饱和或接近于饱和(20 ℃时溶解氧大于 8 mg/L)。使用前,每升水中加入氯化钙溶液、三氯化铁溶液、硫酸镁溶液和磷酸盐溶液各 1 ml,混匀。稀释水 pH 为 7.2,BOD_5 小于 0.2 mg/L。

7. 接种稀释水:取适量的生活污水于 20 ℃放置 24～36 h,上清即为接种液;每升稀释水中加入 1～3 ml 接种液即为接种稀释水;对于某些特殊工业废水,最好加入专门培养驯化过的菌种。

8. 其他试剂:1 mol/L HCl 溶液,1mol/L NaOH 溶液。

(二)仪器与用具

恒温培养箱,20 L 细口玻璃瓶,抽气泵,特制搅拌棒(在玻璃棒下端装一个 2 mm 厚、大小与量筒相匹配的有孔橡皮片),200~300 ml 碘量瓶。

(三)操作步骤

水样的采集和预处理步骤如下:

(1)采集水样于适当大小的玻璃瓶中,用玻璃塞塞紧,不要留有气泡。采样后,需在 2 h 内测定;否则应在≪4 ℃下保存,且保存时间为≪10 h。

(2)用 1 mol/L HCl 或 NaOH 溶液调节 pH 为 7.2。

(3)若水样的游离氯大于 0.10 mg/L,加亚硫酸钠或硫代硫酸钠除去。取 100 ml 待测水样于碘量瓶中,加入 1 ml 1%硫酸溶液,1ml 10%碘化钾溶液,摇匀;以淀粉为指示剂,用标准硫代硫酸钠或亚硫酸钠溶液滴定。计算 100 ml 水样所需硫代硫酸钠溶液的量,推算所用水样应加入的量。

(4)确定稀释倍数,稀释比根据水样中有机物的含量来确实。清洁的水样不需要稀释,污染严重的水样,稀释 100~1000 倍;常规沉淀过的污水,稀释 20~100 倍;受污染的河水,稀释 0~4 倍;性质不熟悉的水样,稀释倍数依据 COD 估算,取大于 COD_{Mn} 的 1/4,小于 COD_{Cr} 的 1/5。原则上,以培养后减少的溶解氧占培养前溶解氧的 40%~70%为宜。

2. 水样的稀释

(1)依据确定的稀释倍数,用虹吸法把定量的污水引入 1 L 量筒中,再沿壁缓慢加入所需稀释水(接种稀释水),用特制的搅拌棒在水面下缓慢搅匀(不产生气泡)。

(2)沿着瓶壁缓慢注入 2 个预先编号、体积相同(250 ml)的碘量瓶中,直到充满后溢出少许为止;盖严并水封,注意瓶内不应有气泡。

(3)用同样的方法配制另 2 份稀释比水样;取 2 个碘量瓶加入稀释水或接种稀释水作为空白。

3. 培养

将各稀释比的水样、稀释水(接种稀释水)空白各取 1 瓶,置于培养箱内 20 ℃恒温培养 5 d,培养过程中需每天添加封口水。

4. 溶解氧的测定

(1)用碘量法测定未经培养的各份稀释水样和空白水样中的剩余溶解氧。

(2)同法测定经培养 5 d 后,各份稀释水样和空白水样中的剩余溶解氧。

二、COD 的测定方法——重铬酸钾法(COD_Cr)

在强酸性溶液中,一定量的重铬酸钾氧化水中还原性物质,过量的重铬酸钾以试亚铁灵作为指示剂,用硫酸亚铁铵溶液回滴,根据用量算出水样中还原性物质消耗氧的量。由于氯离子能被重铬酸盐氧化,且能与硫酸银作用产生沉淀,影响测定结果,故在回流前向水样中加入硫酸汞,使其成为络合物以消除干扰;氯离子含量高于 2000 mg/L 的样品应先做定量稀释,使其氯离子含量降低至 2000 mg/L 以下,方可进行测定。

用 0.25 mol/L 浓度的重铬酸钾溶液可测定大于 50 mg/L 的 COD 值,用 0.025 mol/L 浓度的重铬酸钾溶液可测定 5~50 mg/L 的 COD 值,但准确度较差。

(一)仪器与试剂

1. 仪器

500 ml 全玻璃回流装置、加热装置(电炉)、50 ml 酸式滴定管。

2. 试剂

(1)重铬酸钾标准溶液:称取预先在 120 ℃烘干 2 h 的重铬酸钾 12.258 g 溶于蒸馏水中,移入 1000 ml 容量瓶中,稀释至标线,摇匀。

(2)试亚铁灵指示液:称取 1.485 g 邻菲啰啉,0.695 g 硫酸亚铁溶于蒸馏水中,稀释至 100 ml,储于棕色瓶内。

(3)硫酸亚铁铵标准液:称取 39.5 g 硫酸亚铁铵溶于蒸馏水中,边搅拌边缓慢加入 20ml 浓硫酸,冷却后,移入 1000 ml 容量瓶中,加水稀释至标线,摇匀。临用前,用重铬酸钾标准溶液标定。

(4)硫酸-硫酸银溶液:于 500 ml 浓硫酸中加入 5 g 硫酸银,放置 1~2 d,不时摇动使其溶解。

(5)硫酸汞:结晶或粉末。

3. 标定方法

准确吸取 10.00 ml 重铬酸钾标准溶液于 500 ml 锥形瓶中,加水稀释至 110 ml 左右,缓慢加入 30 ml 浓硫酸,混匀。冷却后,加入 3 滴试亚铁灵指示液,用硫酸亚铁铵溶液滴定,溶液颜色由黄色经蓝绿色至红褐色即为终点。

$$C[(NH_4)_2Fe(SO_4)_2] = \frac{0.2500 \times 10.00}{V}$$

式中:$C[(NH_4)_2Fe(SO_4)_2]$——硫酸亚铁铵标准溶液的浓度,mol/L;

V——硫酸亚铁铵标准溶液的用量,ml。

（二）操作步骤

1. 水样的采集和预处理

（1）20.00 ml 混合均匀的水样（或适量水样稀释至 10.00 ml），置于 250 ml 磨口的回流锥形瓶中，准确加入 10.00 ml 重铬酸钾标准溶液，以及数粒小玻璃珠或沸石，连接磨口回流冷凝管，从冷凝管口缓慢加入 30 ml 硫酸银溶液。轻轻摇动锥形瓶使溶液混匀，加热回流 2 h（自刚沸腾开始计时）。

①测化学需氧量的废水样，可先取上述操作所需体积 1/10 的废水样和试剂，于 5 mm×150 mm 硬质玻璃试管中摇匀，加热后观察是否变成绿色。若溶液显绿色，再适当减少废水取样量，直至溶液不变绿色为止，以确定废水样分析时应取用的体积。稀释时，所取废水样量不得少于 5 ml，如果化学需氧量很高，则废水应多次稀释。

②废水中氯离子含量超过 30 mg/L 时，应先把 0.4 g 硫酸汞加入锥形瓶中，再加 20 ml 废水（或适量废水稀释至 20.00 ml），摇匀。

（2）冷却后，用 90 ml 水冲洗冷凝管壁，取出锥形瓶，加适量蒸馏水至溶液总体积不少于 140 ml，否则因酸度过大，滴定终点不明显。

2. 滴定

（1）当溶液再度冷却后，加 3 滴试亚铁灵指示液，用硫酸亚铁铵溶液滴定，溶液颜色由黄色经蓝绿色至红褐色即为终点，记录硫酸亚铁铵标准溶液的用量。

（2）空白实验：用 20.00 ml 重蒸馏水，按照同样操作步骤完成滴定，记录硫酸亚铁铵标准溶液的用量。

（三）数据计算

COD_{Cr} 浓度（以 O_2 计，mg/L）计算公式：

$$COD_{Cr}浓度（以 O_2 计，单位 mg/L） = \frac{(V_0 - V_1) \times c \times 8 \times 1000}{V}$$

式中：c——硫酸亚铁铵标准溶液的浓度，mol/L；

V_0——滴定空白时硫酸亚铁铵标准溶液的用量，ml；

V_1——滴定水样时硫酸亚铁铵标准溶液的用量，ml；

V——水样体积，ml；

8——氧的摩尔质量，g/mol。

三、水中溶解氧的测定方法——碘量法

碘量法测定溶解氧的原理是：氢氧化亚锰在碱性溶液中，被水中溶解氧氧化成四价锰的水合物，但在酸性溶液中四价锰又能氧化 KI 而析出 I_2。析出碘的摩尔数与水中溶解氧的

当量数相等。因此,可用硫代硫酸钠标准溶液滴定;根据硫代硫酸钠的用量,可计算出水中的溶解氧。

（一）仪器与试剂

1. 仪器

烘箱、250 或 300 ml 具塞碘量瓶。

2. 试剂

(1)硫酸锰溶液:称取 $MnSO_4 \cdot 4H_2O$ 480 g 溶于蒸馏水中,移入 1000 ml 容量瓶中,稀释至标线;若有不溶物,应过滤。

(2)碱性碘化钾溶液:称取 500 g 氢氧化钠溶于 300～400 ml 蒸馏水中,另称取 150 g 碘化钾溶于 200 ml 蒸馏水中,待氢氧化钠溶液冷却后,混合,并稀释至 100 ml,储于塑料瓶内,黑纸包裹避光保存。

(3)浓硫酸:3 mol/L 硫酸溶液。

(4)1％淀粉溶液:称取 1 g 可溶性淀粉,用少量水调成糊状,然后加入刚煮沸的热水 100 ml (可加热 1～2 min)。冷却后加 0.1 g 水杨酸或 0.4 g 氯化锌防腐。

(5)0.025 mol/L 重铬酸钾标准溶液:称取预先在 120 ℃烘干 2 h 的重铬酸钾 7.3548 g 溶于蒸馏水中,移入 1000 ml 容量瓶中,稀释至标线,摇匀。

(6)0.025 mol/L 硫代硫酸钠溶液:称取 $Na_2S_2O_3 \cdot H_2O$ 6.2 g 溶于经煮沸冷却的蒸馏水中,加入 0.2 g 无水硫酸钠,稀释至 1000 ml,储于棕色试剂瓶内;使用前,用 0.025 mol/L 重铬酸钾标准溶液标定。

3. 标定方法

在 250 ml 碘量瓶中加入 100 ml 水、1.0 g 碘化钾、5.0 ml 重铬酸钾溶液和 5 ml 3 mol/L 硫酸溶液,摇匀,加塞后置于暗处 5 min。用待标定的硫代硫酸钠溶液滴定至浅黄色,再加入 1％淀粉 1.0 ml,继续滴定至蓝色刚好消失,记录用量;3 份平行。计算公式为

$$c_1 = \frac{6 \times c_2 \times V_2}{V_1}$$

式中:c_1——硫代硫酸钠标准溶液的摩尔浓度,mol/L;

c_2——重铬酸钾标准溶液的摩尔浓度,mol/L;

V_1——消耗硫代硫酸钠标准溶液的用量,ml;

V_2——重铬酸钾标准溶液的用量,ml。

（二）操作步骤

水样的采集和预处理步骤如下:

(1)将洗净的 250 ml 碘量瓶用待测水样荡洗 3 次;用虹吸法取水样注满碘量瓶,迅速盖

紧瓶盖,瓶中不能留有气泡。平行做 3 份水样。

(2)取下瓶塞,分别加入 1.0 ml 硫酸锰溶液和 2.0 ml 碱性碘化钾溶液(加溶液时,移液管顶端应插入液面以下)。盖上瓶塞,注意瓶内不能留有气泡,然后将碘量瓶反复摇动数次,静置,当沉淀物下降至瓶高一半时,再颠倒摇动 1 次。继续静置,待沉淀物下降到瓶底后,轻启瓶塞,加入 2.0 ml 硫酸(移液管插入液面以下)。小心盖好瓶塞,颠倒摇匀。此时沉淀应溶解,若溶解不完全,可加入少量浓硫酸至溶液澄清且呈黄色或棕色(因析出游离碘)。置于暗处 5 min。

(3)从每个碘量瓶内取出 2 份 100.0 ml 水样,分别置于 2 个 250 ml 碘量瓶中,用硫代硫酸钠溶液滴定,当溶液呈微黄色时,加入 1%淀粉 1 ml,继续滴定至蓝色刚好消失,记录硫代硫酸钠标准溶液的用量。

(三)数据计算

溶解氧浓度(mg/L)的计算按照公式:

$$溶解氧浓度(mg/L)=\frac{\frac{c_1}{2}\times V_1\times 16\times 1000}{100.0}$$

式中:c_1——硫代硫酸钠标准溶液的摩尔浓度,mol/L;

V_1——消耗硫代硫酸钠标准溶液的量,mL。

四、氨氮的测定方法——蒸馏法

(一)仪器与试剂

1. 仪器

紫外可见分光光度计,500～1000 ml 全玻璃磨口蒸馏装置。

2. 试剂

(1)2%硼酸溶液。

(2)磷酸盐缓冲液(pH 7.4):用不含氮的水溶解 14.3 g 磷酸二氢钾,稀释至 1000 ml,配制后用 pH 计测定其 pH,平用磷酸二氢钾或磷酸氢二钾调节 pH 至 7.4。

(3)浓硫酸。

(4)纳氏试剂:称取碘化钾 5 g,溶于 5 ml 无氨水中,分次少量加入氯化汞溶液(2.5 g 氯化汞溶解于 10 ml 热的无氨水中),不断搅拌至有少量沉淀。冷却后,加入 30 ml 氢氧化钾(含 15 g 氢氧化钾),用无氨水稀释至 100 ml,再加入 0.5 ml 氯化汞溶液,静置 1 d。将上清液储于棕色瓶内,盖紧橡皮塞于低温处保存,有效期为 1 个月。

(5)50%酒石酸溶液。

(6)铵标准溶液:称取氯化铵 3.8190 g 溶于无氨水中,转入 1000 ml 容量瓶内,用无氨水稀释至刻度,摇匀。吸取该溶液 10.0 ml 于 1000 ml 容量瓶内,用无氨水稀释至刻度,其浓度为 10 μg/ml。

（二）操作步骤

1. 制备无氨水

(1)蒸馏法。每升水加入 0.1 ml 浓硫酸进行蒸馏,馏出水接收于玻璃容器中。

(2)离子交换法。使蒸馏水通过弱酸性阳离子树脂柱。

2. 水样蒸馏

(1)先在蒸馏瓶中加 200 ml 无氨水、10 ml 磷酸盐缓冲液和数粒玻璃珠,加热至馏出物中不含氨,冷却,然后将蒸馏液倾出(留下玻璃珠)。

(2)取水样 200 ml 置于蒸馏瓶中,加 10 ml 磷酸盐缓冲液,以 1 只盛有 50 ml 吸收液的 250 ml 锥形瓶收集馏出液,收集时应将冷凝管的导管末端浸入吸收液,其蒸馏速度为 6～8 ml/min,至少收集 150 ml 馏出液。

(3)蒸馏结束前 2～3 min,应将锥形瓶放低,使吸收液面脱离冷凝管,并再蒸馏片刻以洗净冷凝管和导管,用无氨水稀释至 250 ml 备用。

3. 测定

(1)水样。若为清洁水样,可直接取 50 ml 置于 50 ml 比色管中;一般水样则用上述方法蒸馏,收集馏出液并稀释至 50 ml;若氨氮含量很高,也取适当水样稀释至 50 ml。

(2)制备标准溶液系列。取浓度为 10 mg/ml 氨氮的铵标准溶液 0、0.50、1.00、2.00、3.00 和 5.00 ml,分别加到 50 ml 比色管中,以无氨水稀释至刻度。

(3)测定。在水样及标准溶液系列中分别加入 1 ml 酒石酸钠,摇匀;再加 1 ml 纳氏试剂,摇匀,放置 10 min 后;在 425 nm 处,用 1 cm 比色皿测定吸光度。

五、石油烃含量的测定方法

重量法

（一）仪器与试剂

1. 仪器:分析天平、烘箱、水浴锅、1 L 分液漏斗。

2. 试剂:石油醚(沸程 30～36 ℃)、(1+1)硫酸、氯化钠、无水硫酸钠(预先在马福炉中 300 ℃烘干 1 h,冷后装瓶)。

（二）操作步骤

1. 水样的石油醚抽提

(1)将水样倒入 1 L 分液漏斗中,加入 10 g 氯化钠,取 25 ml 石油醚清洗采样瓶后倾入分液漏斗中,充分振摇 2 min(或 200 次),并注意放气,静置分层。

(2)将下层水样放回采样瓶中,上层有机相放入锥形瓶,再将水样移入分液漏斗,用石油醚重复抽提 2 次,每次用量 25 ml;合并 3 次石油醚提取液于锥形瓶中。

2. 脱水、烘干与称重

(1)在石油醚提取液中加入无水硫酸钠脱水,轻轻摇动,至不结块为止;加盖,静置 0.5~2 h。

(2)用预先以石油醚洗涤过的滤纸过滤,收集滤液置于 65 ℃烘干至恒重的 100 ml 烧杯中;用石油醚洗涤锥形瓶、硫酸钠和滤纸,洗液并入烧杯中。

(3)将烧杯置于 65 ℃水浴上蒸发至近干,用清洁毛巾将烧杯外壁水珠擦干;置于烘箱中,65 ℃烘干 1 h,放置于干燥器内冷却 30 min,称重。

(三)数据计算

油含量(mg/L)的计算公式:

$$含油量(mg/L) = \frac{W_1 - W_2}{V} \times 1000$$

式中:W_1——烧杯+油重,g;

$\quad W_2$——烧杯重量,g;

$\quad V$——水样体积,L。

(四)注意事项

1. 石油醚必须纯净,取 100 ml 蒸干,残渣不得大于 0.2 mg,否则需要重蒸。

2. 分液漏斗塞切勿涂任何油脂。

红外分光光度法

用四氯化碳萃取水中的油脂物质,测定总萃取物;再将萃取液用硅酸镁吸附,经脱除动植物油等极性物质后,测定石油类。

总萃取物和石油类的含量均由波数分别为 2930 cm^{-1}(CH$_2$ 基团中 C—H 键的伸缩振动)、2960 cm^{-1}(CH$_3$ 基团中 C—H 键的伸缩振动)和 3030 cm^{-1}(芳香环中 C—H 键的伸缩振动)谱带处的吸光度 A_{2930}、A_{2960} 和 A_{3030} 进行计算。

(一)试剂与器材

1. 试剂

(1)四氯化碳(CCl$_4$):在 2600~3300 cm^{-1} 范围扫描,其吸光度应不超过 0.03(1cm 比色皿、空气池作参比)。

(2)硅酸镁:60~100 目,取硅酸镁于瓷蒸发皿中,置于高温炉内 500 ℃加热 2 h,在炉内冷至约 200 ℃后,移入干燥器中冷至室温,于磨口玻璃瓶内保存。使用时,称取适量的干燥硅酸镁于磨口玻璃瓶中,根据干燥硅酸镁的重量,按 6％(m/m)的比例加适量的蒸馏水,密塞并充分振荡数分钟,放置约 12 h 后使用。

(3)吸附柱:内径 10 mm、长约 200 mm 的玻璃层析柱;出口处填塞少量用萃取溶液浸泡并晾干后的玻璃棉。将已处理好的硅酸镁缓慢倒入玻璃层析柱中,边倒边轻轻敲打,填充高度为 80 mm。

(4)无水硫酸钠:在高温炉内 300 ℃加热烘干 2 h,冷却后装入磨口玻璃瓶中,干燥器内保存。

(5)氯化钠、盐酸(1+5)、氢氧化钠溶液(50 g/L)、硫酸铝溶液(130 g/L)、正十六烷、老鲛烷和甲苯。

2. 仪器和用具

(1)红外分光光度计,能在 2400～3400 cm^{-1} 范围进行扫描操作,并配有 1 cm 和 4cm 带盖石英比色皿。

(2)分液漏斗 1000 ml,活塞上不得使用油性润滑剂。

(3)容量瓶:50 ml、100 ml 和 1000 ml。

(4)玻璃砂芯漏斗:G-1 型 40 ml。

(二)操作步骤

1. 准备

(1)萃取:将一定量的水样全部倾入分液漏斗中,加入盐酸酸化至 pH≤2;用 20 ml 四氯化碳洗涤采样瓶后移入分液漏斗中,加入约 20 g 氯化钠,充分振摇 2 min,并经常开启活塞排气;静置分层后,将萃取液经已放置约 10 mm 厚度无水硫酸钠的玻璃砂芯漏斗流入容量瓶内;用 20 ml 四氯化碳重复萃取 1 次。取适量的四氯化碳洗涤玻璃砂芯漏斗,洗涤液一同并入容量瓶,加四氯化碳稀释至标线定容,并摇匀。

(2)吸附:取适量的萃取液通过硅酸镁吸附柱,弃去上层约 5 ml 滤出液,余下部分接入玻璃瓶用于测定石油类。如萃取液需要稀释,应在吸附前进行;也可采用振荡吸附法。

注:经硅酸镁吸附剂处理后,由极性分子构成的动植物油被吸附,而非极性的石油类不被吸附。某些非动植物油的极性物质(如含有－CO、－OH 基团的极性化合物等)同时也被吸附,当水样中含有丰富的此类物质时,可在测试报告中加以说明。

2. 测定

(1)样品测定:以四氯化碳作为参比溶液,使用适当光程的比色皿,在 2400～3400 cm^{-1} 之间,分别对萃取液和硅酸镁吸附后滤出液进行扫描。于 2600～3300 cm^{-1} 之间画一直线作基线,在 2930 cm^{-1}、2960 cm^{-1} 和 3030 cm^{-1} 处分别测量萃取液和硅酸镁吸附后滤出液的

吸光度 A_{2930}、A_{2960} 和 A_{3030},并分别计算总萃取物和石油类的含量,按总萃取物与石油类含量之差计算动植物的含量。

(2)校正系数测定:以四氯化碳为溶剂,分别配制 100 mg/L 正十六烷、100 mg/L 老鲛烷和 400 mg/L 甲苯溶液。以四氯化碳作为参比溶液,使用 1 cm 比色皿,分别测量正十六烷、老鲛烷和甲苯三种溶液在 2930 cm^{-1}、2960 cm^{-1} 和 3030 cm^{-1} 处的吸光度 A_{2930}、A_{2960} 和 A_{3030}。

正十六烷、老鲛烷和甲苯三种溶液在上述波数处的吸光度均服从于通式(1),由此可得联合方程式,经求解后,可分别得到相应的校正系数 X、Y、Z 和 F。

$$c = X \cdot A_{2930} + Y \cdot A_{2960} + Z \cdot \left(A_{3030} - \frac{A_{2930}}{F} \right) \tag{1}$$

式中:c——萃取液中化合物的含量,mg/L;

X、Y、Z——与各种 C—H 键吸光度相对应的系数;

F——脂肪烃对芳香烃影响的校正因子,即正十六烷在 2930 cm^{-1} 和 3030 cm^{-1} 处的吸光度之比;

A_{2930}、A_{2960} 和 A_{3030}——各对应波数下测得的吸光度。

对于正十六烷(H)和老鲛烷(P),由于芳香烃含量为 0,可得

$$F = \frac{A_{2930}(H)}{A_{3030}(H)} \tag{2}$$

$$c(H) = X \times A_{2930}(H) + Y \times A_{2960}(H) \tag{3}$$

$$c(P) = X \cdot A_{2930}(P) + Y \times A_{2960}(P) \tag{4}$$

由式(2)可得 F 值,由式(3)和(4)可得 X 和 Y 值,其中 $c(H)$ 和 $c(P)$ 分别为测定条件下正十六烷和老鲛烷的浓度(mg/L)。

对于甲苯(T),则有

$$c(T) = X \times A_{2930}(T) + Y \times A_{2960}(T) + Z \left[A_{3330}(T) - \frac{A_{2930}(T)}{F} \right] \tag{5}$$

由式(5)可得 Z 值,其中 $c(T)$ 为测定条件下甲苯的浓度(mg/L)。

可采用异辛烷代替老鲛烷、苯代替甲苯,以相同方法测定校正系数。两系列物质在同一仪器相同波数下的吸光度不一定完全一致,但测得的校正系数变化不大。

(3)校正系数检验:分别准确量取正十六烷、老鲛烷和甲苯,按照 5:3:1(V/V)的比例配成混合烃。使用时根据所需浓度,准确称取适量的混合烃,以四氯化碳为溶剂配成适当浓度范围(如 5 mg/L、40 mg/L 和 80 mg/L 等)的混合烃系列溶液。

按样品测定方法在 2930 cm^{-1}、2960 cm^{-1} 和 3030 cm^{-1} 处分别测定混合烃系列溶液的吸光度 A_{2930}、A_{2960} 和 A_{3030};再由式(1)计算混合烃系列溶液的浓度,并与配制值进行比较。

如混合烃系列溶液浓度测定值的回收率在 90%～110% 范围内,则校正系数可采用,否则应重新测定校正系数并检验,直至符合条件为止。

(4)空白实验:用水代替样品,加入与样品测定时相同体积的试剂,使用相同的光程比色皿,按照样品测定的有关步骤进行空白实验。

(三)数据计算

1. 总萃取物量

水样中萃取物量 c_1(mg/L)按式(6)计算:

$$c_1 = \left[X \cdot A_{1.2930} + Y \cdot A_{1.2960} + Z \cdot \left(A_{1.3030} - \frac{A_{1.2930}}{F} \right) \right] \cdot \frac{V_0 \cdot D \cdot l}{V_w \cdot L} \qquad (6)$$

式中:X、Y、Z、F——校正系数;

$A_{1.2930}$、$A_{1.2960}$ 和 $A_{1.3030}$——各对应波数下测得的吸光度;

V_0——萃取溶剂定容体积,ml;

V_w——水样体积,ml;

D——萃取溶液稀释倍数;

l——测定校正系数时所用比色皿的光程,cm;

L——测定水样时所用比色皿的光程,cm。

2. 石油类含量

水样中石油类的含量 c_2(mg/L)按式(7)计算:

$$c_2 = \left[X \cdot A_{2.2930} + Y \cdot A_{2.2960} + Z \left(A_{2.3030} - \frac{A_{2.2930}}{F} \right) \right] \cdot \frac{V_0 \cdot D \cdot l}{V_w \cdot L} \qquad (7)$$

式中:$A_{2.2930}$、$A_{2.2960}$ 和 $A_{2.3030}$——各对应波数下测得硅酸镁吸附后滤除液的吸光度;其他符号意义同上。

非分散红外光度法

本方法利用油类物质的甲基(—CH_3)和亚甲基(—CH_2)在近红外区(2930 cm^{-1} 或 3.4 μm)的特征吸收进行测定。

(一)试剂与器材

1. 试剂

(1)标准油:污染源油,或将正十六烷、异辛烷和苯按照 65∶25∶10(V/V)的比例配制。

(2)标准油贮备液(1000 mg/L):准确称取 0.1000g 标准油,溶于适量的四氯化碳中,移入 100 ml 容量瓶内,用四氯化碳稀释至标线。

(3)标准油使用液:根据测量范围的要求,取适量的标准油贮备液,用四氯化碳稀释到所需浓度。

（4）其他试剂和材料同红外分光光度法。若没有特殊说明，分析中均使用符合国家标准的分析纯试剂、蒸馏水或同等纯度的水。

2. 仪器和用具

（1）红外分光光度计，能在 2400～3400 cm^{-1} 范围进行扫描操作，并配有 1 cm 和 4cm 带盖石英比色皿。

（2）非分散红外测油仪，能在 3.4 μm 的近红外区进行操作、测定。

（3）其他仪器和用具与红外分光光度法相同。

（二）操作步骤

1. 萃取与吸附

2. 测定

（1）红外分光光度计。以四氯化碳作为参比溶液，使用适当光程的比色皿，在 2700～3200 cm^{-1} 范围，分别对标准油使用液、萃取液和硅酸镁吸附后滤出液进行扫描。在扫描区域内画一直线作基线，测量在 2930 cm^{-1} 处的最大吸收峰值，并用此吸收度减去该点基线的吸光度。以标准油使用液的吸光度为纵坐标，浓度为横坐标，绘制校正曲线。从该曲线上分别查得萃取液和硅酸镁吸附后滤出液中总萃取物和石油类的含量，按总萃取物与石油类含量之差计算动植物的含量。

（2）非分散红外测油仪。按照仪器规定调整和校正仪器；根据仪器的测量步骤，分别测定萃取液和硅酸镁吸附后滤出液中总萃取物和石油类的含量，按总萃取物与石油类含量之差计算动植物的含量。

3. 结果表示

（1）水样中萃取物量 $c_{水}$（mg/L）按式（9）计算：

$$c_{水} = \frac{c_1 \cdot V_0 \cdot D}{V_w} \tag{9}$$

式中：c_1——萃取溶剂中总萃取物量，mg/L；

V_0——萃取溶剂定容体积，ml；

V_w——水样体积，ml；

D——萃取溶液稀释倍数。

（2）水样中石油类的含量 c_2（mg/L）按式（10）计算：

$$c_2 = \frac{c_h \cdot V_0 \cdot D}{V_w} \tag{10}$$

式中：c_h——硅酸镁吸附后滤除液中石油类含量，mg/L。

六、活性污泥的性质测定

1. 污泥沉降比(SV)

取 1 L 曝气池混合液,放入 1 L 大量筒中,静置 30 min 以后,观察沉降的污泥体积与原混合液体积之比,以百分数表示。

2. 混合液悬浮固体(MLSS)

取 1 L 曝气池混合液,将其悬浮固体于 105 ℃烘干,称得的干重即为 MLSS,单位为 g/L 或 mg/L。

3. 混合液挥发性悬浮固体(MLVSS)

将 MLSS 在马福炉中灰化后,测定残余固体的重量,与 MLSS 相减得到 1 L 混合液中所含挥发性悬浮固体的重量,单位用 g/L。

4. 污泥容积系数(SVI)

污泥容积系数又称污泥系数,指曝气池中混合液经 30 min 静置沉淀后体积与污泥干重之比。

$$SVI＝湿污泥体积/MLSS$$

5. 污泥负荷(Ls)

污泥负荷指单位时间内,单位重量的活性污泥能够处理的有机物数量,用 kg(BOD)/kg·(MLSS)·d 表示。

参考文献

［1］Ames BN，Yamasaki E，McCann J. Mothods for detecting carcinogenis and mutagens with the Salmonella /Mammalian microscope mutagenicity tests［J］. Mutation Research，1975，31(6)：347-364.

［2］曹明富.改进的细菌转化实验方法［J］.杭州师范学院学报，1990，6：115-117.

［3］陈明，赵永红.微生物吸附重金属离子的实验研究［J］.南方冶金学院学报，2001，22(3)：168-173，184.

［4］陈声贵，许木启，曹宏，等.活性污泥运转效能的生物监测［J］.应用与环境生物学报，2002，8(4)：438-442.

［5］陈声贵，许木启，曹宏，等.活性污泥微型动物种群动态与水质净化效能的关系［J］.动物学报，2003，49(6)：775-786.

［6］代群威，李琼芳，杨丽君，等.环境工程微生物学实验［M］.北京：化学工业出版社，2010.

［7］Debnath AK，Lopez RL，Debnath G，et al. Structure-activity relationship of mutagenic aromatic and heteroaromatic nitro compounds. Correlation with molecular orbital energies and hydrophobicity［J］. Journal of Medicinal Chemistry，1991，34(2)：786-797.

［8］段新华，刘诚明.关于PCR扩增体系优化的实验研究［J］.现代肿瘤医学，2004，12(4)：294-298.

［9］范春，张阳德，吕绪海.PCR技术反应体系镁离子浓度的优化［J］.中国现代医学杂志，1995，4：6-7.

［10］范春，张阳德，吕绪海.影响聚式酶链反应实验效果的基本因素［J］.实验室研究与探索，2011，30(7)：37-40，161.

［11］韩志勇，沈革志，潘建伟.一种改良的质粒DNA小量提取法［J］.生物技术通报，2000，4：45-46.

［12］胡小兵，饶强，叶星，等.焦化废水活性污泥法处理中微型动物群及其与处理性能之间的关系［J］.环境科学学报，2015，35(9)：2780-2789.

[13] 黄民生,施华丽,郑乐平.曲霉对水中重金属的吸附去除[J].上海环境科学,2002,21(2):89-92.

[14] 黄元桐,崔杰.革兰氏染色三步法与质量控制[J].微生物学报,1996,36(1):76-78.

[15] 李探微,彭永臻,朱晓.活性污泥中原生动物的特征和作用[J].给水排水,2001,27(4):24-27.

[16] 刘贤华,白晓军,胡川闽,等.碱裂解法提取质粒DNA的研究[J].第三军医大学学报,1997,21(7):531-532.

[17] 闵航,赵宇华.微生物学[M].杭州:浙江大学出版社,1999.

[18] 潘绍武.革兰氏染色100年[J].医学与哲学,1985,1:46.

[19] 萨姆布鲁克,费里奇,曼尼阿蒂斯著.分子克隆实验指南[M].金冬雁,黎孟枫,译.北京:科学出版社,1996.

[20] 沈萍,陈向东.微生物学实验[M].4版.北京:高等教育出版社,2007.

[21] 沈萍,范秀容,李广武.微生物学实验[M].3版.北京:高等教育出版社,1999.

[22] 王芳,叶宝兴,宋瑛琳,等.微生物实验中革兰氏染色两种方法的比较[J].实验室研究与探索,2007,26(8):123-124.

[23] 王国惠.环境工程微生物学实验[M].北京:化学工业出版社,2012.

[24] 王家玲,李顺鹏,黄正.环境微生物学[M].2版.北京:高等教育出版社,2004.

[25] 王金发,戚康标,何炎明.遗传学实验教程[M].北京:高等教育出版社,2008.

[26] 魏源送,刘俊新.利用寡毛类蠕虫反应器处理剩余污泥的研究[J].环境科学学报,2005,25(6):803-808.

[27] 温建新,李俊,周顺,等.大肠杆菌质粒DNA提取方法的优化[J].西南农业学报,2007,20(4):825-828.

[28] 肖琳,杨柳燕,尹大强,等.环境微生物实验技术[M].北京:中国环境科学出版社,2004.

[29] 杨文博.微生物学实验[M].北京:化学工业出版社,2004.

[30] 赵勇,魏国良,魏晓慧.多种材料对重金属Cr(Ⅳ)的吸附性能研究[J].安全与环境学报,2003,3(1):25-29.

[31] 周德庆.微生物学实验手册[M].上海:上海科学技术出版社,1986.

[32] 周德庆.微生物学实验教程[M].2版.北京:高等教育出版社,2006.

[33] 周群英,高廷耀.环境工程微生物学[M].2版.北京:高等教育出版社,2000.

[34] 祖若夫,胡宝龙,周德庆.微生物学实验教程[M].上海:复旦大学出版社,1993.